PEARSON

人生法则系列译丛

Richard Templar

THE RULES OF LOVE

A personal code for happier, more fulfilling relationships

(second edition)

爱的107条黄金法则

（第2版）

（英）理查德·坦普勒 著

刘浩 王艳 胡志高 译

东北财经大学出版社
Dongbei University of Finance & Economics Press
大连

辽宁省版权局著作权合同登记号:图字 06-2013-298 号

图书在版编目(CIP)数据

爱的 107 条黄金法则 / (英)坦普勒(Templar,R.)著;刘浩,王艳,胡志高译.
—大连 :东北财经大学出版社,2015. 2
(人生法则系列译丛)
ISBN 978-7-5654-1749-8

Ⅰ. 爱…　Ⅱ. ①坦… ②刘… ③王… ④胡…　Ⅲ. 情感-通俗读物
Ⅳ. B842. 6-49

中国版本图书馆 CIP 数据核字(2014)第 309183 号

东北财经大学出版社出版发行
大连市黑石礁尖山街 217 号　邮政编码　116025
教学支持:(0411)84710309
营 销 部:(0411)84710711
总 编 室:(0411)84710523
网　　址:http://www. dufep. cn
读者信箱:dufep @ dufe. edu. cn
大连图腾彩色印刷有限公司印刷

幅面尺寸:140mm×210mm　字数:160 千字　印张:11 1/8
2015 年 2 月第 1 版　2015 年 2 月第 1 次印刷
责任编辑:李　季　责任校对:赵　楠
封面设计:冀贵收　版式设计:钟福建
定价:36. 00 元

目 录

导论：生活有爱，人生更美好

爱，是再简单不过的事。你爱你的家人和朋友，他们也同样爱着你。你找到相爱的人生伴侣，对方同样需要你的相伴。这一切是如此自然而然，几乎不需要付出任何努力。这样的想法也许没错，但如果你正在阅读本书，你就会知道，爱比想象中要复杂得多。

因为人本身就是错综复杂的，连接人与人之间的爱自然也错综多变。爱可以被考验、尝试或被拉伸到极限。有时候，我们爱上错误的对象；有时候，我们可能爱得不可自拔或爱得太敷衍；有时候，觉得满心的爱却不知如何表现；有时候，我们认为爱已经足够了，事实上却远远不及；有时候，我们努力追求爱情，但却无法确定这是否是命中注定的良缘；有时候，我们以为爱还在，却只能眼睁睁让爱消逝，无法回到最初的纯真。

爱让我们同时感受到了人生中最崇高的美好与最深刻的孤寂。爱几乎总是与满足感息息相关，即使崇高不可及，我们仍会奋力追求。想象你已步履蹒跚之时，与你的伴侣（他同时也是你的朋友、知己与情人）相依在煦煦阳光下，身旁围绕着你的至亲好友。孩子在周围的草地嬉笑玩乐，到处都充满了笑声和欢乐。是的，我知道这像是一个乏味、过于造作的电影结局，但在我们的内心当中难道从未向往过自己能够有这样的生活吗？

怎样才能拥有这一切的美好？找到使你快乐及享受与你相伴的人，与他们建立稳固且持续的情谊，并至少从现在开始认真经营。

这就是“爱”，有无数的诗歌、故事、道理争相传诵它。爱被认为是世上最单纯、最原始的情感，爱的复杂棘手却常常超出我们的理解。我们总是被教导着要爱身边的人、邻居、同伴。爱让世界顺利转动，爱能战胜一切。

是的，这一切我们可能都了然于心。但究竟我们该如何去“爱”？该如何正确地表达爱，使爱持续，并保持新鲜感？爱或许只是人类的一种本能，但实际上却并非如此。很多时候，我们老是把事情搞砸。夫妻不和、朋友反目、家人离散，而孩子总是把他们人生中的失败归咎于我们教养失当。

秉持着“爱是唯一所求”的信念固然很好，但并不足以令你去理解爱的真实。除了追求爱的本身之外，当遇上爱时，我们是否拥有妥善处理的智慧？到目前为止，我仍未找到一本完善的指导手册。所以，我尽了最大的努力完成本书以提供参考。

刚开始着手进行时，我像每个人一样觉得困惑。然而，如果你阅读过我撰写的其他的系列法则书籍，你会发现，我所擅长的不过是在生活中观察不同的人。既然自己不可能事事都做到完美无瑕，就可以通过观察其他成功的人，了解他们如何使事情顺利进行，以为借鉴。抱着这个原则，我仔细观察并思索了人与家人、朋友间种种不同的相处模式。深入了解后发现，只有少数人擅长用正确的方法去爱，大部分人仍在爱所带来的纠葛中挣扎。究竟那些成功领会爱与去爱的人做了些什么？是否有些秘诀值得我们学习？当然，这些秘诀都藏在本书里。而这里有最重要的一条：效仿最快乐的人，你将变得和他们一样快乐。

我将在其他人身上所观察到的现象，以及在观察的过程中所得到的体悟，汇集成 107 条重要的法则。对于这些法则身体力行的人往往能找到幸福相伴的爱人，将这段关系长久经营，永葆新意。他们的家庭关系紧密亲近，孩子愿意花时间与他们在一起。互信互惠的友谊更将与他们为伍，身旁总是有人愿意帮助他们。他们天生就是掌握自然法则、妥善经营人际关系的法则实践者。

一本爱的指导手册，听来似乎有些诡异。这不是一本指导性爱技巧的指南，去购买一本性爱指南，如果你认为它有参考价值，但你不会在这本书中找到任何关于增进性爱技巧的指导。这里有的是一些让你一生受用的行为指引，让你能够更好地去爱，获得更多爱的回馈。这里有实用的法则，也有情感的法则，有的很难做到，有的则简单易行。其中整合了所有我认为能够帮助你掌握爱的真谛，并且知道如何去爱。

书中大部分的法则都是常识性的，很可能你已略知一二，却没有去了解其中的精髓。与所有我其他的法则书籍相同，这些只是提醒，而不是神来之笔般的启示。要知道，爱并非如此艰涩，好似藏有很多秘密让你无法猜透。有时候，我们只是失去了自己的定位，需要一些提醒来重新思考，如果要使自己和周围的人有着持续及良好的关系，我们该重视什么？又该如何去做？

为了方便使用，我把这本书分成了几个部分。其中包含了寻爱篇、相处篇、分手篇（这部分的法则不多，因为没有人会愿意多想这个问题的）、家庭篇及友谊篇。有些原则在各项关系中似乎通用，所以我把它们放在看起来最合适的部分，如果你不能同意我的分类方式也请包涵。同时，最后一个部分里有几个法则是我认为在任何情况下都适用的，所以我把它们收集起来放在最后，作为通用法则。

尽管收集这些法则历经多年，但我想仍未尽善尽美。感谢上帝，始终有无尽的宝藏让我们学习。也许你们发现有一些法则我没有提及，请提供给我，让我可以把它们加在书里，我很乐意洗耳恭听，请登录网页：www. facebook. com/richardtemplar。

理查德·坦普勒

第一部分
真爱何处寻？

虽然本书命名为《爱的107条黄金法则》，但我们不得不考虑，如果你还没有找到爱，又该怎么办？或者尽管你已在一段关系中，却疑惑究竟身旁这个人是否就是你的真命天子？当真爱出现该如何才能认定对方？假使幸运之神眷顾，顺利找到心中的真爱，又该如何正确经营彼此之间的关系？

如果这次你不想再错过、不想再说错话、做错事、过度期望或错估形势，那么在寻找完美伴侣或接近成功边缘时，你该何去何从，该注意哪些问题呢？

本书的第一部分将针对你的需求给出答案，不仅帮助你在遇见你的 Mr. 或 Miss Right 时能心有定见，并能够和他（她）一直相厮守。

即使你已名花有主，或许你也可以浏览一下这部分。说不定能令你回想起当初两人决定相守的契机，并反思你们目前的情况。再者，当其他人需要这方面的协助时，你也能以过来人的经验，为他们可能遇到的迷惑提供更好的支持。

1　做真实的自己

当遇见自己心仪的对象，很自然地想替自己塑造一个完美的形象，或努力帮自己打造一个你觉得他们会欣赏的样子，不是吗？这时的你可能变得心思细腻、坚毅、沉静或神秘。至少这可以防止你在不恰当的时刻闹笑话，也不会在遇到麻烦时显得难堪。

事实上，你不可能一直伪装。或许在交往前一两天甚至一两个月，你会享受伪装带来的快乐。然而，永远戴着面具将会变成苦差事。如果这个人正好是你的真爱，你知道，这就是命中注定的他或她（the one），下半辈子的时光你将会与之共度。试想想，你得维持近50年的伪装，伪装自己的本性。

那不可能，不是吗？难道你愿意将自己藏匿在伪造的虚假人格中度过一生？这会是什么生活？因为害怕失去而变得畏首畏尾，连一点真实性格的蛛丝马迹都不能泄露。万一在几个星期、几个月或几年之间，秘密被揭露，再也无法伪装之际又将如何？他们，甚至自己本身，都不会因为你用心扮好一个虚假角色而被感动。

我不是说你不用抓住任何一个能使自己变好的机会。事实上，在人生路上，不只感情生活需要投注心思，在各方面我们也要时时自我成长。你可以试着让自己更有条理或不再怨天尤人。修正你的行为举止是件好事；然而，江山易改，本性难移，企图制造以假乱真的人格特质只会令你束手束脚，身陷泥沼。

所以，要做真实的自己，该让一切开诚布公。如果你真的不是他们要寻找的对象，起码在他们发现之前，你还不至于用情太深。而且，谁知道，也许他们并不真的喜欢心思细腻的人，坚毅沉静的形象也对不上他们的胃口。你坦率的幽默感才是他们想要的，或许他(她)想要的就是一个需要呵护的人。

你看，如果自己选择伪装，吸引到的对象并不会真的适合自己，这对你有什么好处吗？在世界的某个地方，有人正在等待像你这样的人，而不会在乎你有什么缺陷或弱点。我还可以告诉你，他们并不认为你不完美。相反，他们会觉得这是你独特的魅力所在。我知道，他们是对的。

现在，该让一切开诚布公。

2　结束，才有新开始

无可避免的，我们都曾体会过生活中的坎坷，被折磨得遍体鳞伤，一些人可能伤得更重些。当然，伤痕使我们有所体验，塑造我们的人格特质，因此，从长远来看，这并不完全是伤害。然而，短期而言，面对伤害时我们还是需要时间疗伤止痛。

如果你的上一两段关系给了你一些感情上的创伤，在你开始寻觅下一个情人或伴侣时，最好先想办法修复自己的伤口。否则，你将无法自在地展现自己。当你的全部注意力都在自己身上时，就无法把心思放在对方身上。

在一段新的关系中，如果你又犯了一个错误（这发生在我们每个人身上），可能会使这段关系无疾而终，而你知道，结束比开始更痛苦万分。甚至，即使遇见相知相惜的那个人，也有可能因为两人步调不同而使彼此感到折磨。

我有一个朋友，在结束一场情感灾难之后，遇见一位心仪的男士，不仅和善、有教养，且对人呵护备至，完全是她心目中的理想对象。这位男士在过去几年一直爱护着她，直到她再度恢复成一个坚强自主的女性。然而，出乎意料的是，他们的关系却因此无法继续，因为她不再是原先那个令男士陷入爱河的女子。许多男士欣赏独立自主的女性，偏偏这位男士不是这种人，他欣赏的是纤弱、需要人呵护的女子。

这正是这段关系的危险之处。即使你认为自己找到了完美伴侣，也有可能仅是他们适合你现在的状态，一旦你有所改变，恢复成原来的样子，完美伴侣可能就此不再欣赏你的姿态。并不是说这种关系永远不可能成功，只是非常罕见。

所以，帮自己一个忙。需要沉淀疗伤时，尽量走得远远的，在隐蔽处默默调整自己的状态，尽情享受朋友、家人的陪伴，静心等待自己的复原。当复原进展不错时，再开始寻找新的伴侣或情人。同时，寻找新伴侣时，也谨记观察他们本身是否也在之前一段关系中复原。因为这样才能有更多的发展空间，你们才能看见彼此真实的模样，并且以你们想要的方式开始你们的恋情。

帮自己一个忙，需要沉淀疗伤时，尽量走得远远的。

3　自己先要懂得快乐，别人才能给你快乐

我认识一位女士，她总是在和别人交往。你知道这种类型的人，或许你也是，一旦结束一段关系，马上就会展开下一段新恋情。曾经，我问她这么做是否有什么理由？她告诉我，因为她不喜欢独自一人，所以要确保这种情况不会发生。当我跟她熟悉一些的时候，她正和一位很体面的男生交往，只是这位男生并没有对她付出应有的爱。我问她，为什么要忍受这一切？她耐心地解释她不得不这么做，否则就得自己一个人生活，这是她无法面对的。

然而，事情越来越糟，这位男生离开她。所幸，她支撑着自己走过接下来的分崩离析。在那之后的一个月或更久一点，我问她情况如何？她告诉我："还可以，在那时，我以为我已粉身碎骨，然而，显然并没有我想象的那么坏。"

6个月之后，我想她开始明白独自一人并不会遗失生活中的任何美好。又过了3个月，她遇见一个想认真交往并尽快一起生活的迷人男生，她反而因为体验到单身的愉悦而开始感到抗拒。

由于害怕一个人的孤单，她勉强自己维持一段不好的感情，委屈自己忍受她本可以不必承受的打击。一旦发现不需委屈自己也可以很快乐，她的标准就会更高，且不愿退而求其次。根本不用这样做，不是吗？毕竟，还有什么更糟的呢？大不了就是回到自己一个人的状态，这已经不是问题了。

这个故事告诉我们，不管如何，你必须学会一个人时也能感到安心及快乐。这样的话，就永远不必担心落入害怕孤独的窘境。如果感情不和，抽身就好。有太多太多人因为害怕孤独，而勉强自己维持一段不快乐的关系。在法则实践者学习享受独身生活后，如此一来，当他们决定与一个新的伴侣共度一生时，往往会是个正确的决定。

一旦能够享受单身的快乐，你就会只选择真心喜欢且使你快乐的对象共同生活，因为你觉得单身很好，但跟他们在一起会更好。如果美好时光不再，你也能自在地选择离开。

有太多太多人因为害怕孤独，而勉强自己维持一段不快乐的关系。

4　不要怀疑，选择你所爱的

坦白地说，我不确定当遇见自己未来伴侣时，你是否能有所感知。有些人的确在第一眼就能确定他们遇见的人就是未来的另一半，眼前就是他们耗费一生所要寻觅的对象，但这种一见钟情并不会发生在所有人身上。

真实的法则是，如果你不能确定是否遇上对的人，就别孤注一掷。因为，如果他们是对的人，即使需要花点时间，你最终还是会认定对方。换句话说，你会知道何时遇上合适的人，可能是现在或一段时间过后，总之，你会知道。

如果在第一眼的瞬间就确信遇上对的人，你真是个幸运儿（除非你每一次都这么认为，这样的话你必须告诉自己，应该更严肃一点）。然而，最重要的是，除非你有十足把握，否则别轻易许下承诺。多少劳燕分飞的人都这么说：“你知道吗？即使结婚的当天，我还在想自己的选择是否是对的。”

关于这点，我可以告诉你，如果在结婚当天你还有所怀疑，那么答案就是否，你做了错误的抉择，而且是个天大的错误。和一个对的人共同经营婚姻和照料孩子已够棘手和困难了，若在还不确定对象是否适合之前，盲目地经历一切则是愚蠢至极的行为。

在交往初期有所怀疑是很正常的情况。尤其如果你天性多疑，也许要花几个星期、几个月，甚至几年来确定。这没有什么不好，只是要记得，除非你真的百分之百有把握，否则别轻易互许终身。

当然，每个人都有所不同，你的新对象有可能比你更快确定，你就是他（她）未来的伴侣。然而，在你准备好之前，别让他们迫使你做决定。他们希望你尽快做出承诺是可以理解的，因为你是个很棒的人，没有理由让他们不想跟你在一起；但是一个错误的决定可能伤害双方。

如果真是那个人，你压根儿不会怀疑：“我不知道，真是我吗？我不确定这一切是对是错？”相反，你会知道：“对，没错，我就是要和这个人共度此生。”如果你不这样想，那就表示你还没有准备好要许下一生的承诺。

在交往初期有所怀疑是很平常的。

5　选择一个会使你欢笑的对象

我差点把这个法则摆在第一位，因为我认为这是选择伴侣最重要的参考。如果你把挑选对象的标准放在他们的外貌、身份地位或个性中其他的特点，最终你可能会后悔。毕竟，很多事情在漫长的一生之中都有可能消逝，甚至连人格特质都可能改变：一个满怀自信的人可能被情感所创伤和摧折，一个耐心十足的人可能因为经历病痛而变得暴躁失意。

但与生俱来的幽默感将与你长伴，直至物是人非。多年之后，当你们俩都自工作岗位退休，孩子也长大成人，坐在摇椅上的你们或许只剩下幽默感陪伴。然而就算如此，已足矣。

笑声如金。幽默感会因个人特质而不同，有些人就是比其他人更能让我们发笑。当你发现某个人能让你笑声连连，别怀疑，如果这个人的性别合适的话，跟他结婚，这是我衷心的建议。你几乎不用怀疑自己是否会对他们着迷，因为任何让你发笑的人，对你来说都将有致命的吸引力，即使他们的外貌和你的梦中情人相差甚远。

好吧，这么说或许言过其实，但也只是略为夸大而已。我自己就和一个比任何人都能使我发笑的人结婚，而我认为这是再正确不过的决定。当然，你也可以在你遇见的人当中选择第二或第三有趣的人，只是要谨记，千万别轻易放弃幽默感这个特质，因为它确实是最重要的。

还有一点要注意，别只是挑选能让你笑的对象，虽然这很重要。你知道更棒的是什么吗？寻找一个你能在他（她）面前自我解嘲的人，这将比任何东西都能使你更加平顺地度过一生时光。

我有一个朋友，他的妻子在几年前去世。他告诉我最令他想念的事情是，和妻子一起时调侃自己的那种自在愉快。他现在才知道，妻子付出多少努力来让他做到这一点，也才明白这是他幸福生活的至宝。失去她的这些日子，他变得过于严肃看待每一件事情，因而感到压力沉重，如果她在的话，这些事情能让他一笑置之。

所以下次，当你遇见一个对象，她可能有着修长美腿、性感双眸或迷人微笑，可别马上就一头栽进去，试试看她们能否在还没有肢体接触之前，就把你逗得乐开怀。

与生俱来的幽默感将与你常伴，直至物是人非。

6　选择懂得欣赏你的人

如果目前你没有跟任何人交往，你会很容易怀疑自己的外在是否不够吸引人，是不是因为体重过重？是不是因为头发稀少？还是眼睛下方的眼袋日渐明显？身材太矮或太高？还是因为牙齿不整齐？

哦，看看你的周围，世上有太多比你胖、头发比你疏、脸部比你皱、比你高、比你矮或比你还需要矫正牙齿的人，他们仍然和所爱的人共同幸福地生活着。而且，他们并非都凭借着完美的外表才顺利展开一段恋爱关系。

我有一个外表非常有魅力的朋友，曾和一个每当她身材走样便开始唠叨不休的男士交往，他不断坚持要她节食或运动，以维持完美体态。我朋友认为那个男士只是看上她的外表才跟她交往，因为他可以拿这件事跟别人炫耀。不管男人也好、女人也好，有太多人肤浅到以外貌来选择交往对象，而不会欣赏这个人的内在。

但你不会遇上这种麻烦。不管是体重过重、秃顶或牙齿不整，这都可以使那些因为你的外表看上你，一旦你年老色衰或身材走样就拂袖而去的人离你远远的。你完全不用担心遇到这些浅薄无知的对象，他们根本不会来烦你。

任何值得交往的对象，会欣赏你真实的模样，根本不会介意那些所谓外形上的不完美（甚至根本不认为那是不完美），你会因为一个理想对象有些赘肉、戴眼镜或有个大鼻子而不跟他往来吗？我希望你不会。既然如此，那么值得你爱的人又怎么会这么做呢？事实上，不只是外貌，财富和社会地位等外在条件，如：经济不宽裕、没有名车或住在租来的小套房，都可以帮你过滤掉不适合的人选。

听着，如果你愿意，当然可以去整牙、塑身或植发，但我不确定你可以做些什么来改变你过高的身高。一个身材高挑的朋友告诉我，在和身材比她矮小的对象在路上并肩而行时，她曾经走在排水沟里来掩饰她的身高。我要说的是，你可以做任何让自己感到快乐的改变，但这些改变并不能增加找到理想对象的可能。无论如何，在某处适合你的完美对象终将与你相遇。

所以要自信，相信自己的魅力将会吸引有涵养的人。他们将真心欣赏你的全部，不会在意旁人的眼光。当你真的与他相遇，你会知道在他眼中你是多么的性感和独特，什么缺点、短处都会抛到脑后。

任何值得交往的对象，会欣赏你真实的模样。

7 不要总是犯相同的错误

我知道这个法则听起来是显而易见的事，但别太惊讶，比你想象中还要多的聪明人仍一再重复相同的错误和遗憾。现在，你可能觉得你之前交往的对象根本就是地狱派来的使者，任何认识他们的人，都对他们避之唯恐不及；但潜意识里，你仍会被这种类型的人牵着鼻子走。

有一个老兄，他总是被爱嫉妒且有极度不安全感的女人所吸引，他告诉我在他的潜意识里，可能总有个力量使他在百步之外就能侦测到她们。关系开始之初，他并不是每次都意识到又遇上这种对象，直到投入感情，才开始感到不对劲，女朋友总想事无巨细地掌控他的行踪及交友圈。明显地，这和他母亲长期有着不安全感也许有所关联，目前我们暂且不讨论这个。不只是爱嫉妒，其他诸如泼冷水、谎话连篇、过度依赖或已婚，任何你能想出的负面特质都可能令一段关系濒临崩解。

在每段关系中，我们总有某些习惯模式。有些是无害的，例如你会对某种特质的人感到倾心——对动物有爱心的人、喜欢户外运动的人，或比你大5岁的人。除非你对猫毛过敏、对户外感到恐惧或已年近90，否则尽管选择这些令你心动的特质。但如果某种特质的人跟你就是合不来，那就别勉强自己执迷不悟了。

我知道事情总是知易行难。假设这个安全感不足/过于依赖/过于自主/谎话连篇/心不在焉/已婚的对象，在其他方面都十分出色，那要结束这段关系，可能得花九牛二虎之力来说服自己。好吧，这都取决于你自己，我要说的是，假设某种类型的对象在过去从未适合你，我可以保证，未来他们也不会和你相处愉快。所以，尽管留住一段不适合的关系，但当事情糟到不可收拾之际，别说我没有提醒过你。我想不只是我，大部分你身边的朋友应该都曾这么警告过你。

当然，本性难移，对此我并不否认。重要的是，找出你的惯性，然后试图了解自己胶着于此的原因。就某些意义层面来说，形成这些习惯的过程并非至关重要，但事实上，就像那位老兄，他的问题就在于他爱嫉妒的母亲。了解自己形成某些惯性行为的原因，可能对你会有所帮助。

接下来你必须决定是否要一再地在一连串的错误恋情中蹉跎一生，即使任何人，包括你自己，都能够预见这些失败。如果是这样的话，你必须下定决心拒绝任何可能落入这种惯性的关系，总好过每次都欺骗自己这个人会跟其他人不同。有些人一旦确认自己的问题，就能轻易地避免问题一再发生，但对其他人来说，可能困难重重。有时候，建立足以打破劣根性的自信心，的确需要付出很多心力。

然而，如果你梦想拥有幸福生活及一段长期稳定且互信互爱的关系，这是唯一的道路。不管为了改变既有模式要付出多少努力，我保证一切都是值得的。

假设某种类型的对象在过去从未适合你，我可以保证，未来他们也不会和你相处愉快。

8　有些人就是不能碰

你会和妹妹的男友发展恋情吗？你朋友的老婆？你老婆/老公家里的亲戚？又或任何已婚者？你曾随便和一个脆弱且期待认真交往的人展开恋情，明知他可能因此受伤？对于感情，你自己的底线在哪里？

法则实践者有着良好的道德修养，知道有些人就是碰不得，即使这些人令你神魂颠倒、茶饭不思，你也只能平静地等待这种情愫消失，即使要花好几年也在所不惜。

那么真正的底线在哪？我想你已猜到这个答案。内心深处，当你感到罪恶且必须找借口来为自己的行为辩护时（反正他们的关系已经岌岌可危了/他不是最适合我的人/情场如战场，为达目的不择手段），是的，你很清楚知道哪些人不在你的考虑之列。

当然，每个人的底线不尽相同。假设你是虔诚的宗教信徒，或许会认为来自不同宗教背景的人不适合交往。也许，当遇见刚结束一段感情的人，你觉得跟他交往也可以接受，但如果这个人的前男/女友是你的好友，那就想都别想。我不知道你的底线在哪，但你一定要有所设限。

如果你有任何怀疑，那就扪心自问，当某个你认识的人做了相同的事，你会怎么想？假设你的朋友和她妹妹的男朋友有了牵扯不明的暧昧，当着她的面，也许你不会有什么评论，但私底下，你会不赞同吗？会觉得她有些违反礼教吗？如果答案是肯定的，那么你自己就不该这么做。

如果你还是想要飞蛾扑火，我劝你忍耐。如果对于这个不该爱的人有着强烈的情感，可想而知你将会花费很长的时间和心力去扑灭这些爱火，这并不容易。我可以告诉你，投入这段关系越深，就越无法自拔。所以，连开始都不要开始，你可能会因此把自己的人生弄得乌烟瘴气。

如果你抵御了这种冲动，至少，你可以抬头挺胸，知道自己行得正、坐得端。迟早，那个不在黑名单里的对象会出现，你可以坦率、毫无罪恶感地与他相恋，你会知道那才是值得你等待的对象。

我不知道你的底线在哪，但你一定要有所设限。

9　你无法改变别人

如果你天生有洁癖，我说的是那种近乎神经质的洁癖，无法忍受使用过的碗筷晚些清洗、用完东西要马上归位。那想象一下，你今天和一个喜欢把东西四处乱放，在凌乱中才能感到舒适的人在一起，你愿意改变自己成为一个脏乱的人，好让对方感到自在吗？如果不会，那么为什么你期待对方能变得整洁呢？

如果你天性不爱干净，也许你会想这没有什么问题，然而，如果你天生有洁癖，要你配合对你来说也许是不合情理、过分苛刻的要求，你觉得自己才是对的。

事实上，你不能要求别人去改变，即使他们愿意这么做也会力不从心。当然，行为可以微调，但个性无法改变。你也许能说服另一半挂起浴巾，不要乱丢，但我猜他们可能会把浴巾皱巴巴地乱挂，这可能更令你火冒三丈，因为你不能令他们和整洁的人一样，把毛巾挂得整整齐齐。同时，厨房根本像垃圾场，车子也脏得令人作呕（在你的眼里，而对方可能并不这么认为）。

这里涉及的不只是脏乱和整洁的差别，你同样也无法要求一个人改变他的没担当、对橄榄球过度热衷、工作狂、害羞、不善言词或容易感到紧张等性格。

所以，如果你无法忍受这些特质，就不要跟他们在一起。不管你怎么做，当和一个人展开交往时，别天真地以为："我无法忍受这个人的某些毛病，但没关系，我想我可以改变他们。"你知道你没这个能耐，你只会把你们两个人弄得像经历一场浩劫。

我知道没有人是完美的，每个人（包含你）都可能在交往中偶尔被一些事情激怒。在寻找人选时，选择即使有某些令人恼怒的习惯，但你还可以包容的人，别以为可以根据你个人要求来改变他们。

同样地，这个法则也适用于一些可能让你非常抑郁的特质行为。如果你遇到一个除了酗酒、暴力倾向、惯性欺骗之外，其他都十分完美的人选，别以为真爱可以改变他们。请别欺骗自己，他们可能控制得了这些行为几个月或几年，但迟早，等恋爱的荷尔蒙消退，回到现实生活压力之中，他们又会故态复萌，到时别说我没提醒过你。

在寻找人选时，选择即使有某些令人恼怒的习惯，但你还可以包容的人。

10 爱情不是性

拥有美好的性爱是美妙的事情。在一段关系中，即便是一开始，如果没有性吸引力存在，那么这段关系也不太有机会发展。然而，最好的感情将持续一生，但原始的性冲动却可能无法维持如此之久。倘若一段关系只基于性爱，当遭逢生活中迟早会遇到的难题时，例如教养孩子、经济压力、照料双亲、工作困境或其他，你们的关系将陷入危机。床第间的嬉闹无法解决大部分的生活难题。

将这个法则归类在这个部分是因为，我希望在开始寻找另一半时，你们就能谨记这一点。在关系一开始之际，最危险的是将性欲误为爱情，你可能会认为既然彼此之间的性爱如此美好，那么这段关系也将如此。你知道，大多数在认识几周之后就互许终身的人们，只有少部分做了正确的抉择，其余的人只因受到了肉体的诱惑，无暇看清彼此之间是否拥有共同经营关系、共同度过人生的基础。通常，这样的基础可能不存在于两人之间。

我有一个朋友，他总是在寻找完美性伴侣，并非他有什么特殊需求（起码就我所知），只是性爱是他选择伴侣的第一优先要素。结果，尽管他拥有美好的性生活，但他永远不懂为什么总是无法维持一段长期的感情。我并不是建议亲密关系中不要牵涉性爱，只是亲密关系不完全等于性爱。就是因为他把性放到了首要的位置，使他难以获得梦寐以求的长期亲密关系。

如果你单身且只想要一段轻松的交往，强烈的性吸引及美好的性生活，很容易使你相信性爱的意义大过于性爱本身，令你欺骗自己这段关系不只有性爱。如果你说你们的关系不只有性，我愿意相信，但你认为你们拥有的其他部分是否足够？足以使你们共度生命中的兴奋与失落？足以令你们克服我们在生活中都会经历的病痛、忧虑及哀伤？如果你无法确定，那么尽情地享受这段关系中的肉体欢愉，但别轻易互许终身，直到性欲消退使你能看清楚其他剩下的部分为止。

在关系一开始之际，最危险的是将性欲误为爱情。

11　用一年的时间了解一个人

这个法则是上一个法则的完美补充。然而，不只性爱，还有很多事情都显示你不该仓促下决定。

我们小心翼翼经营自己在他人眼中的形象。在一段新关系中，我们更是竭尽所能地将最好的部分展现给新伴侣看，人人都如此，没有例外。然而，深入了解一个人需要时间，使他们感到有足够的信心放下戒备也需要时间。

当然，如果这个对象真如你预期一样好，那么迟些将自己的一切开诚布公也不会造成什么严重的问题。我有个朋友的男友有忧郁倾向，男方花了好几个月才鼓起勇气告诉女方，最初他们相遇时，他甚至还没从忧郁中挣脱。然而，男方是个好人，我朋友坦然接受这个事实，且乐意帮助他走出低谷。但并非每个人都会有这种反应，举例来说，如果我朋友同样也处于抑郁状态，那么这就可能是一个大问题。

谨守这个法则，你将不必花一生的时间面对一个自私、控制欲强、对你朋友粗鲁、讨厌大部分你所感兴趣的事物、对你的烦恼无法感同身受，或更糟的，酗酒、常辱骂他人的对象（就像我们在法则9看到的例子，这些你都无法改变），你无法在他们身上找到任何优点。有些事情值得我们妥协，有些则否，一切都得等到你对将要面临的情况有所了解之后，才能够有所决定。

在你们决定是否同居、结婚、生育、移民或其他任何重大决定之前，先等一年，这段时间足够让你们互相了解。如果你的完美对象在几个月后就无法等待，一直不断尝试说服你，尽管告诉他们这是你的法则：了解一个人一年之后，才考虑做任何重大决定。我了解有些人在三四年的交往之后，仍不愿意做出任何承诺，这令人相当沮丧。但这两种情况不尽相同，需要12个月的缓冲相当合理，你可以温和地坚持这一点。

如果这个人是适合共度一生的正确人选，等待12个月才决定你的未来绝对值得。毕竟，一年和一生相比相当短暂，又何必急躁呢？为何不在所有生活压力开始向你积压前好好放轻松，享受恋爱的乐趣。

如果这个人是适合共度一生的正确人选，等待 12 个月才决定你的未来绝对值得。

12 别和不在乎你的人在一起

有些人适合作为长期伴侣，有些人则不是。当你们共度一年，终于有安顿下来的共识后，有些人开始将你视若无物，认为你们的关系变得理所当然。他们对你的烦恼一点也不感兴趣，甚至根本没注意到你不再是从前那个爱笑的你。你再也没收到过任何一束鲜花、享受到一个浪漫的约会，或生日时的特别惊喜。简单来说，他们已不是那么在乎你了。

通常，这种人完全以自我为中心，一旦他们觉得关系已经确定下来，便马上将注意力从你身上转到自身。尽管不再对你感到关心，他们仍有可能期望你留意他们的一举一动，倾听他们的烦恼，让他们一天的压力有地方宣泄。然而，他们却不会心甘情愿地回馈你。

不幸的是，这种人不太可能改变性格，至少不会因为你而改变。

也许，有一天，当他们被某个特别心仪的对象给狠狠抛弃之后，下一次和别人交往时能够警觉一点。这也许会有作用，但你可能得当那个使他们清醒的使者。如果他们不再关心你，这将使你无法感到你在他们眼中是特别的，这对你一点也不公平。

你要找的是一个令你感到自己与众不同的伴侣，因为你的确如此特别，他们也深知这一点。只会装模作样企图留住你的人并不值得留恋。因为，如果你的另一半真的在意你，他们会毫不保留地表现出来；如果在心底，他们还是凡事以自己为优先，把你视作理所当然，很遗憾，没有什么能让他们改变。你可以寻觅更好的对象，尽管放手，去找一个真正想给你幸福的人吧。

如果在交往初期，你的交往对象已对你漠不关心，关系稳定下来之后，事情只会每况愈下。别幻想只要一旦同居、结婚或作任何其他改变就能得到改善，因为我现在就能告诉你，情况只会恶化。你必须在问题完全解决之后，才考虑作出重大承诺。如果你决定给他们最后一次机会让他们改变，把观察期拉长，直到你真的能确信他们已经改头换面，否则还是别轻易作出承诺。

在这个世界的某个地方，一定有个人会对你呵护有加。别随意将自己交给无法做到的人。否则，年复一年，你的自信心和自尊将被毁坏殆尽，同时也会变得郁郁寡欢。所以，帮自己一个忙，耐心等待更适合的人到来吧。

你需要一个令你感到自己与众不同的伴侣，因为你的确如此特别。

13 信任是一切的基础

信任是两人之间最重要的相处之道。不管是忠于另一半、信守承诺或规划家庭开支等任何大小事，如果你无法信任对方，你就永远不会幸福。

当然，有很多理由可能造成你对另一半无法完全放心。也许是他们有过令人无法信赖的不良记录；也许是你有着惊人的直觉；也许是他们隐瞒了一些小事情，使你好奇究竟还有什么事情是他们没有说出来的；也许他们本来就是花招百出的情场玩家（这样的话，我无法理解为什么你还要跟他们在一起，容我衷心建议你尽快离开）。不管是什么原因造成你的不安全感，你必须克服并信任你的伴侣。

然而，问题也可能出在你身上。也许你曾遇过一个谎言连篇的对象，导致你现在再也无法相信他人。这样的话，我必须遗憾地说，你并不在一段真正幸福的关系里，直到你学会信任，幸福才会来敲门。我知道这并不容易，特别是如果你的怀疑曾被不堪地证实，也正因如此，你才更值得拥有一段美好的关系。除非你开始面对你的信任问题，否则将与幸福擦身而过。

试想想，如果另一半已尽量做到无可挑剔，不犯任何错误，并对你坦诚任何事情，但你仍心存疑虑，他们会有什么感受？要知道这可能使你们的关系恶化。不管他们对于你无法信任别人的问题有多大程度的怜悯和理解，终将因为长期不被信任而感到折磨，并且怀疑你并不爱他。

不管过去你受谎言的毒害有多深，要新的另一半偿还过去的人犯下的错误是不公平的。内心深处，我想你清楚知道造成不信任的原因是来自于自己还是他人，你必须诚实面对自己，找出问题的根源。

如果你发现伴侣对你不够诚实，或老是鬼鬼祟祟好像隐瞒着什么，就跟他们摊牌，共同讨论这个问题。如果你无法令他们对你诚实，就在适当的时候离开。然而，如果问题出在你身上，就想办法解决。我曾见过有人因为自己无法信任，硬生生舍弃一段关系，对自己也造成了莫大伤害。如果你仍在寻找你的Mr.或Miss Right，最好在你遇见他们之前尽快解决这个问题。我不愿见到你活在过去某个因愚蠢而背叛你的人的阴影之下，然后懊悔不已。

也许你曾遇过一个谎言连篇的对象，导致你现在再也无法相信他人。

14　坦诚相对

在我们的人生中，都做过一些不光彩的事，总有一些我们宁愿忘记的事。或许，我们都会为过去的事或过去的自己感到羞愧，假设人生是本小说，你宁可跳过这部分的章节。

当遇见一个新的伴侣，你并不想马上将那些宁愿遗忘的过去向他坦白，这也是人之常情。这样也好，你不需要马上这么做，至少现在还不需要。然而，如果你决定和这个人长相厮守，迟早必须让他们知道那些你只想逃避的荒唐过去。可能你被警察抓过；可能堕过胎；可能你有过性别迷惘；可能你的父亲是酒鬼等不堪的过去。

当然，对于一些小事，你不必全盘托出，像 8 岁时曾在数学考试作弊，或去看了辣妹合唱团的现场演唱 10 次之多，这些都是不会令你感到羞愧的小事，不是吗？真正的关键是那些你不愿意让他们知道的事。

但他们必须知道。无论你决定在第一次约会后就告诉他们，或等到交往几个月后才说，迟早，这些事必须和盘托出。如果他们对你的爱足够，将会接受你的一切；如果他们对你的爱尚不足够，那么，这也是让他们了解事实的最好方式。

如果你迟迟没有告诉他们，他们将为你长时间保守秘密而感到苦恼伤心。所以，告诉他们的最好时机，就是当你觉得与其让他们未来痛苦，不如现在就面对的时刻。

从现在到你透露对方真相的这段期间内，最重要的事情就是别对他们说谎。如果你现在不打算告诉他们你曾堕过胎，别声称自己是处女；如果你决定对父亲是酒鬼的事实保持沉默，也别装作父亲已不在世。如果你现在欺骗他们，当他们发现之后，将再也无法相信你了。

在关系开始之初，避开这些麻烦的话题是聪明之举。毕竟，如果你们最终没有在一起，他们也不必背负你所有的秘密。所以，在你准备好之前，避开这些话题；但也要诚实地走稳这条路上的每一步，因为谎言将变成路上的坑洞，把你摔得原形毕露。

从现在到你透露对方真相的这段期间内，最重要的事情就是别对他们说谎。

15　不要视爱情为游戏

有时候你会忍不住想：“我就坐在这里等，看他要多久才会打电话给我。”或“我告诉过她我对母亲的手术感到忧心，看她是否愿意来关心我妈妈”。

如果你想和他说话，给他打电话就是了；如果你希望她来看你母亲，告诉她就好了。老是玩试探游戏很危险，很容易擦枪走火弄巧成拙。开始一段关系的唯一理由，就是因为你想认真地继续这段关系，如果你不想长期处于试探别人的状态，那么就别开始。

记住，如果你觉得爱情本来就是游戏，对他们来说也是如此，这是你想要的吗？不管你如何说服自己这一切很纯真且出于善意，玩弄爱情游戏是一种操纵别人的手段。我们不玩弄所爱的人，并诚实地让他们知道我们的感受及我们认为重要的事情。摆出一副高高在上的态度，拿感情来操纵别人，这两者都是不受欢迎的。

总的说来，因另一半没做出我们预期的行为，我们就会想要玩弄爱情游戏（至少，会忍不住这么想）。有时只是简单的试探：“看她会不会记得我的生日。”有时是更复杂的测试：“不要让他发现我在这里，看他是不是趁我不在就想勾搭别的女人。”

不，住手，这没有任何好处。如果你想确保她记得你的生日，请告诉她确切的日期；如果你真的觉得他会趁你不在就跟别的女人乱来，回头阅读法则13（你必须信任他）。如果被他们发现你在玩弄这些试探游戏，毫无疑问，你会陷入大麻烦。如果他们这么对你，你会作何感想呢？

而且你知道，这迟早会被发现。即使对方无从证实，也会知道你对他们并没有付出感情。这样的话，我们又回到信任的问题——要让对方信任你，玩弄爱情游戏将弄巧成拙。

我有一个朋友，她花很多年和不同的男生交往，每次她都假装不在乎且不停的试探，最后，她跟一个从未使她感到需要试探的人结婚了。因为在事情的一开始，她就感觉到一切都对了，试探不仅多余且没必要。

如果你的伴侣忘了你的生日会令你难过，那么，对他们公平点，提前几天就提醒他们，看看他们会怎么做。我知道你希望感受到他们的用心，这相当合理，只是有些人比较健忘，你得给他们一个表现的机会。同样地，如果你解释为什么让她见你的父母对你来说这么重要，他们也会很乐意去看你的父母。所以，别想方设法地设计他们，即使他们还没准备好，也坐下来好好解释，为什么你需要他们再多加考虑。这样处理事情成熟多了（而且方向正确），这会为你们未来的关系奠定更好的基础。

开始一段关系的唯一理由，就是因为你想要认真地继续这段关系。

16　别用过去的经验看待你的新伴侣

几乎所有人都有过去，即使是年幼无知时所谈的最纯真的爱，也在我们的生命中烙下痕迹。很难避免的是，过去的经验可能给我们的新恋情带来影响。

我们常常理所当然地认定，适用于过去，也能适用于未来，除非有充分的理由令我们觉得有必要改变既有的想法。如果过去染头发使你看起来比较聪明伶俐，现在最好也染发；如果上次你吃到的香蕉很美味，下次可能也会想吃；如果你对数字很在行，需要高度计算能力的工作对你来说易如反掌；如果你的上一个对象欺骗你，你的下一个对象……

哇！等等！删除最后一个联想。是的，生活中很多大小事每次都遵循着同样的基本法则，但不适用于你的对象。因为，其他例子都和你本身有关，而你就是你，相同的一个人；但每个对象都是不同个体。如果你上一个交往对象欺骗了你，那么他也很有可能去欺骗他的新对象（但这不再是你的问题）。一个新对象来到你面前，你有什么理由把他跟你的上一个对象比较？事实上，如果你认为他们很类似，那么我真不知道为什么一开始你要搅和进去。

当然，对感情不忠可能是一个比较极端的例子。我认识一些人，他们经常根据前一个伴侣的行为模式来作一些无谓的猜测。我认识一个女人，如果男朋友没有在她进门时帮她泡一杯茶，她就推测他不高兴，因为她前男友就是如此。实际上，他只是打算作点改变，先洗个澡然后再烧一壶开水如此而已。另一个友人，当他上床时，如果太太翻身背对着他，他会感到相当沮丧，认为太太释放出不愿被碰触的信息；事实上，太太只是觉得朝左边那一侧睡得比较舒服而已。

和很多原则相同，你必须设身处地地为对方设想，如果你的伴侣根据那些你可能素未谋面的前男女朋友的行为来评判你，你会作何感想？如果某些不经意的姿势或言谈导致一场口角，但这些莫名的评判仅在另一段你甚至从未参与的关系中才有意义，是的，那真令人沮丧。

所以，不管大事小事——钱、性、心情、工作、秘密、谎言、浪漫，还是其他任何事——只要你开始将旧有模式套用在现在的伴侣身上，将会衍生出许多无中生有的麻烦。

生活中很多大小事每次都遵循着同样的基本法则，但不适用于你的对象。

17　规划共同的人生目标

我认识一对夫妇，他们坠入爱河、结婚、孕育下一代，最后定居伦敦。男方因工作需要必须常常出差去距离伦敦三四小时车程的康沃尔。几年后，因为工作的需要，他必须更常待在康沃尔，所以，他和太太商量也许是时候考虑在康沃尔定居。结果，这是男方一厢情愿的长期计划，他从未想过要早一点和太太商量。提醒你，尽管事情再明显不过，也要早点提出。而他的太太也从未有机会告诉先生，她无法完全离开伦敦的生活，两人因此僵持不下。

这个故事的教训是，别等到你们已经结婚生子才开始对话。我想，避免在第一次约会时就审问新对象他们的人生计划是聪明的选择，但在对对方做出任何严肃的承诺之前，你们必须设计一份未来的共同蓝图。

当然，计划不如变化快。在二十几岁说要在人生各方面（包括生活态度、人生定位等）都用心经营的人，到了三十几岁时可能变成专心在工作上。然而，如果你不在关系开始走向严肃前先试探对方的意向，很可能像我刚才提到的夫妇一样，面临无法收拾的窘境。

最大的问题可能出于对扶养小孩的认识或对于定居地的选择。也可能是其他方面的意见相左，可能其中一人计划尽早退休去旅行，而另一方却恐惧飞行且不喜欢离家超过一星期。

我不是说你整个人生计划都得和你的伴侣紧密相系，你并不能预知未来你是什么感受，人会随时改变他们的心意。我有个朋友，从交往的第一天即明确地告诉女朋友他绝不想生小孩，女朋友即使很想要个家庭，却也哀伤地同意了。然而，几年后她意外怀孕，却失去孩子，这使得他们俩身心俱疲。后来，他们有了两个小孩，我朋友也变成一个尽责的好爸爸。

不过请小心，并不是所有事情都会有圆满的结局。另一个朋友，在25岁时和她的伴侣决定不生小孩。但在几年后，她强烈地希望变成一个母亲，而她的丈夫坚持他们先前的协议，连讨论都不愿意，这也是导致他们最后分开的其中一个原因。分开之后，她已经40出头，已错过当妈妈的最好时机。

在对你的伴侣的生活方式、孩子（大体上的教养方式）、居住地、旅行的间隔时间和其他目前看来遥不可及，但却可能导致关系破裂的事情的看法有个通盘的了解之前，先别许下共同生活的承诺。并为未来可能的改变做好准备。

在对对方做出任何严肃的承诺之前，你们必须设计一份未来的共同蓝图。

18 强求的爱无法长远

感情的事无法勉强，这可能是最难接受的人生真相之一。你在芸芸众生里寻到一个已经寻觅一生的人，奈何，对方却不见得理解这样的心情。

也许你们最近才相遇，你却已深陷情网，无奈对方却无动于衷。你不顾一切坚持下去，相信总有一天对方会被你的付出打动。或你们已经成为夫妇共同生活了几年，对方非常地喜欢你，毕竟和你在一起很轻松愉快，但内心深处，你知道那并不是爱。

但迟早，他们会告诉你这样行不通，而你却不愿听到这些话。你尝试说服他们再给你一次机会；又或许你尝试改变自己，变成他们真正想要的样子。事实上你已受到羞辱，却不让自己这样想，只想着如果赢得对方的爱，一切都是值得的。

遗憾的是，这行不通。你可以奋不顾身投入一段感情中，因为无法达到对方的标准而强求自己俯首帖耳（你亲眼可见），在这个过程中不断伤害自己的自信与自尊，但他们仍不会爱你。对方也无可奈何，他们可能很绅士且对此感到抱歉，但也可能残忍地将你的爱弃若敝屣。

同样的情节在世界各地不断上演，如果感情中只有一方投入，事情就会不断重演。想想你身旁的朋友，我想你应该可以找到活生生的例子。

我就认识一些经历过这一切的人，他们花几个月甚至几年才意识到没有希望。在这之后，他们才找属于自己的浪漫，一个愿意以爱回报的对象。有趣的是，经历过这一切的朋友说着同样的话："感谢上天让那段感情结束，现在终于苦尽甘来。"

你看，不管你钟情的对象如何出色，如果他们不以爱回报，这段感情从不可能如你想象的好。纵使他们最终爱上你，但也必须由你百般献媚，即使受伤也得奋力坚持，这么辛苦并不值得。你需要并值得一个因为欣赏原来的你而爱上你的人，在他面前你无需假装或改变自己。所以，一旦了解到你身旁的人并不真的爱你，你必须勇敢，在结束这段感情前先提出分手。你将因为失去他们感到痛苦万分，却可保留自尊。总有一天，当你回顾这一切，会知道自己多么勇敢地做了这个正确的决定。

一旦了解到你身旁的人并不真的爱你，你必须勇敢，在结束这段感情前先提出分手。

19　长痛不如短痛

法则 18 适用于当你遇到你爱的人却不爱你该怎么办。现在我们反过来想，如果你就是无法真心爱着你身旁的那个人，又当如何？当然，你喜欢他们、享受着他们的陪伴、他们让你发笑、倾听你的伤心或和你有着共同兴趣。如果不是有这么多让你欣赏的优点，你就不会和他们在一起。但你知道你从未像他们爱你一样爱着他们。

当然，你为此感到难过，你是个善良的人，希望如果你可以爱他们就好了。你不想伤害他们，也许乐意持续这样和他们在一起。我的意思是，如果没有其他更好的对象，那么继续这样下去也无妨；又或你们之间的性爱很美好，你会想念他们的家人或朋友等种种理由。是的，至少现在，和他们继续下去是最简单的。

如果你是法则实践者，你知道这不是你要的答案。和他们在一起越久，他们越想要勉强自己奋力争取（好让你爱上他们），当你最后离开时（你最终会离开），他们会伤得更重，还浪费宝贵时间在错的人（也就是你）身上。

不，长痛不如短痛，现在就结束一切，这才是对他们好。我知道这很困难，如果你关心这个人，伤害他会令你感到伤心透顶；但提醒自己避免夜长梦多，拖得越久伤害越重。他们要自由地去寻找一个真心相爱的对象，一个能以你做不到的方式去爱他们的人。

我还要告诉你，如果你不是真心爱着这个人，迟早你会遇见一个令你深陷情网的对象。想想这个人可能随时闯入你的生活当中，到时你该如何？

对于这个问题，可能不会有一个两全其美的答案。你可能因无法自拔而深深伤害你身旁的伴侣；又或者你可以完全忠于伴侣，拒绝陷入新的恋情，但这都会让你们感到痛苦，你和伴侣及小三间同样具有潜在破坏性。唯一行得通的解决办法就是，当你遇见你的钟情对象时，你已恢复单身。为此，你必须现在就从恋人身旁离开。

明白了吗？暂时的残忍无情反而是对双方最仁慈的做法。这么做可以让双方尽可能做自己，自由地过自己的人生，对双方来说这才是对的事情。你的伴侣现在可能不喜欢或不感激你的决定。但有一天，当他们有足够的智慧，当回顾这一切时，会从心底感谢你的决定。

让双方自由地过自己的人生。

第二部分
相处篇

对于一段新的恋情最开始的几个星期、几个月或几年，幸福像唾手可得，得来全不费工夫。但迟早，现实生活的闯入，恋情也会备受考验。从那时开始，你们的关系可能变得更契合，但需要靠双方付出努力才能实现。你们必须正视这件事，或至少，确保你们不会有希望问题自然消失的心态，导致伤害彼此的感情。偶然地，逐渐冷却的恋情或许会因为逃避而每况愈下。不过好的消息是，你可以在既有基础上加以改进，让一切更圆满。这部分法则是要讨论如何将拥有的感情发挥到极致，让两人关系更深厚，更牢不可破，并充满快乐。

这部分内容包含一些最重要的法则，是我从那些幸福美满的人以及我的婚姻中学到的道理。从经验上来说，我知道有些法则比起其他法则更难达成。然而，只要你坚持履行，得到的回报将超乎想象。如果你正打算要和一个能让你快乐的人坠入爱河（参考法则 1 到 19），那么你已构建了一个幸福生活的基础，现在就是确定一切不会脱离常轨，而这部分法则将助你顺利达成。

我设想这些法则是为了处理伴侣不完美时可能发生的状况（又有谁是完美的呢?），尽管如此，他们也不是全无优点。如果你爱上一个现在不在意你，以后也不会在意你的人，这些法则尽管可能让你们继续在一起，却不会让你快乐。我并不希望你选择这种生活。所以，有效的将这些法则运用在一个真正希望你开心，或至少正在和你共同努力让彼此快乐的人。如果彼此都持有相同态度，你们便踏上了通往幸福的路途上。

20　和善相待

你又度过了疲累的一天，事实上这一周都很累，你带着暴躁的情绪回家，想找人出气。谁是那躲不掉的倒霉鬼？想当然是你的另一半。他们总是在那里陪你，体贴地理解你情绪火爆的原因。然而他们这么做，会期待什么呢？

他们所盼望的只是你也能和善地对待他们。当你走进门时，发现里面站着一个朋友，你会要求自己礼貌地打声招呼。那么，另一半不也应该得到同样的对待吗？毕竟，对你来说，他们应该是你在这世界上最重要的人，为何他们不该得到最好的待遇？

我们很容易将另一半当作一块随手可得的海绵，能吸纳所有忧虑、使你舒畅地一吐怨气。这是不对的。我认识不少夫妇，不愿花费心思善待彼此，经常对彼此不耐烦、发脾气，甚至表现无礼，跟对方是否做错事一点关系都没有。我要提醒你，这些人中没有一个拥有快乐且令人羡慕的婚姻生活。

那些传统的基本礼仪都到哪去了？“请”、“谢谢”、“感恩”、“麻烦你”等用语被什么取代了？如果你希望看到你们的关系积极乐观发展，就必须开始学习尊重对方并谦恭有礼。记得你的基本礼仪，请以尊重且温柔的口吻跟对方说话；准备他们喜欢的饮料，送上一些惊喜小礼物，不为什么特别理由，只因为你爱他们；赞美他们，帮他们完成日常生活中的琐事，即使你认为搭书架、熨衣服或去车上拿购买的日用品不是你的职责。

如果不巧你的爱人带着一身疲累回家，别让他们有机会对你发脾气。替他们冲泡一杯饮料，问他们今天过得如何，倾听他们说话，对他们说的话表现出很有兴趣。或许也可以做些帮助他们放松的事情，“这样吧，你就好好休息，我来整理晚餐的碗盘/遛狗/教小孩做功课。”替他们放一缸热腾腾的洗澡水（或许加上几滴精油或点上几支蜡烛），让他们感受到你的关心。因为你是如此在意他们的感受。

如果你有孩子，还有什么能胜过这样的言传身教呢？不管任何情况，想想你对另一半做了什么示范。如果你希望他们对待你就像你对待他们一样，那么你最好将事情做好。但这不是你这么做的主要原因，对他们好并不是基于希望他们回报的心态，对他们好只是因为你爱他们，这是他们值得拥有的。

如果你希望看到你们的关系积极乐观发展，就必须开始学习尊重对方并谦恭有礼。

21　不是因为需要才在一起

你和另一半在一起都做些什么？我的意思不是你们现在正在做什么，而是你们为什么要在一起？我希望你的答案是因为你爱他们，他们能让你对自己充满信心。

然而你不需要依赖他们。如果你的另一半有正当工作，而你也是，就不需要仰赖他们维生。并不是说你非得经济独立不可，而是万一你不得不这么做时，你也有能力妥善应付。拥有稳固关系的伴侣不会互相依赖，反而倾向各自独立。如果你的伴侣爱的是你原本的样子，他们不但不会想改变你，他们会帮助你，让你拥有强烈的自信心与安全感，并且以自己为荣。

这意味着跟以前相比，你已拥有更多条件，可以独立生活。当然，你的经济状况可能会较吃紧（或不会），工作负担可能会较沉重

(或不会)，但都可以自己处理这些困难。因为你的自信心与安全感将帮助你度过一切，无须担心因经济上、情感上或其他方面的挫折使自己崩溃瓦解。不必依靠另一半保障你的幸福美满，反而因为他们，证明了你是一个独立坚强的人。

所有这一切意味着你不需要依靠另一半，可以随时离开且自行生活。你不需要依靠他们得到快乐，获取经济保障，或甚至以此证明有人爱你。这些理由都没有存在的必要。

那么，为什么选择跟他们在一起？唯一的答案是，因为你想这么做，没有其他理由。这不是很棒吗？你不一定要这么做，但你选择了和他们在一起。

多年来，因为失去亲人之痛，我领悟了一些道理。我明白你现在不想杞人忧天，但如果你们俩一起生活，其中一人很可能得经历这个过程。面对伤痛我仍无法习惯，但我发现那些纯粹互相深爱，而非互相需要的伴侣，也就是因为想和对方在一起而选择这么做的人们，他们处理伤痛的能力远比那些在某方面依赖另一半，或失去自己个性的人们好得多。后者常因为伴侣去世之后，也丧失了自我，不知道自己的定位。

我知道现在考虑这些事情，会令你觉得难以面对。然而，当有一天伴侣突然离开，你该如何妥善处理？你能面对自己，坚信自己在排山倒海的悲伤中仍能勇敢面对吗？鉴于你们其中一人最终将面对这个状况时，除了给予对方足够的信心和独立能力，能够独自处理这样的痛苦之外，还有什么礼物会比这更好？记住，即使在生命中最黑暗的日子，你也不是出于需要而和另一半在一起。你这么做，就是因为你爱他们。

为何选择跟他们在一起？唯一的答案是，因为你想要这么做。这不是很棒吗？

22　给另一半留点空间

在一起几个月或几年后，两个人会在“一加一大于二”的伴侣模式中逐渐适应。你们一起做事、一起交朋友，一起培养共同的兴趣。

这一切十分浪漫甜蜜，但你们却忽略了彼此仍是独立个体这个事实。尽管相遇时你们就发现彼此拥有太多相同特质，你和另一半仍会有些不同的兴趣。或许你们因为一个令人投入的爱好相遇，因此决定将两人大部分的空闲时间花在驾驶游艇、遛狗或看电影。即便如此，你们侧重的面或各有千秋，或拥有其他爱好。

你的另一半需要有时间，以自己的方式做自己想做的事情，甚至独自完成。也许他们想在没有你的场合中见见他们的好朋友，花几个小时读诗集、做缝纫、修理游艇的发动机，或研究 20 世纪 30 年代前期巴里人的邮票。你得给他们一些时间和空间来做这些事情，不要让自己为此变得不可理喻、嫉妒或挑剔。

如果你们从未离开过对方的陪伴，你俩最终会把自己变成拥有双方部分特质的混合体，使对方再也找不到当初令他坠入爱河的那个人。这对你们的关系毫无益处。因为，一旦发生这种状况，你们的美妙关系将失去火花及魔力，令人生厌。

我不是要限定你们陪伴对方的时间。事实上，我从未试着支配任何事情，只是要告诉你怎样才能拥有美满的爱情。有些伴侣很少分开，但他们仍试着尊重对方的空间，有些伴侣在社交场合却总是形影不离。对大部分伴侣而言，一些个人空间能让两人顺利走下去，也让你们有些不同的话题可以谈论。

你需要时不时离开伴侣，独自享受一些个人时光。或许你需要多一点个人空间，这也没什么问题（在合理的范围内）。重要的是，当你的另一半想独自做一些事情，要理解他们并不是在拒绝你，这只是一种对于自我的肯定。这是他们用来维系两人关系，又能让自己快乐的方法，如果你不让他们这么做，可能会因此失去你所爱的人。

所以，当另一半告诉你他需要一点个人空间时，别吹毛求疵、恼羞成怒、猜忌怀疑、幼稚吵闹。为他们也为自己，欣然地接受这个状况，因为这将使你们的关系常葆新意。

当你的另一半想独自做一些事情，要理解他们并不是在拒绝你，这只是一种对于自我的肯定。

23 检查自己犯了什么错

你的另一半十全十美吗？我的另一半并不完美，我猜你的另一半同样也有不少缺点。他们睡觉会打鼾吗？生活起居脏乱不整或洁癖过头到有点神经质的地步？唠叨个不停？有那么一点暴躁易怒？厨艺令人不敢恭维？要他出门比登天还难？老是在你说话的时候打断你？一心想着工作？

这就是适合你的另一半的特质，他们总有一些共通的缺点，我想你只好试着与这些缺点共处。我知道，你肯定尝试过与另一半沟通，解释你有多无法忍受他们的某些坏习惯，希望他们能够做出改变。也许他们试着改变，但显然努力还不够；或他们也曾有过一阵子的改善，但现在还是回到老样子。类似的情形不断发生，无论你问谁，他们总是有很多对另一半的牢骚和不满。

如果所有夫妇都有这样的问题，那么你和我也是如此。是的，没错，你和我就跟我们的伴侣一样犯有一些错误或有些坏习惯。所有令他们发怒的事情，当他们告诉我们时，我们试过做什么改善吗？拜托，我们没必要做些什么，全都是他们在无理取闹，竟然想改变我们与生俱来的个性。如果他们不喜欢我们的生活方式，也只能自认倒霉，早在蹚进这场浑水之前，他们就知道我们的个性。

话说两头。要么我们接受他们的生活习惯，要么我们改变自己的坏习惯，即使你可能根本不觉得那有什么不好。或者，更好的情况是双方都做出努力。我们必须为两人建立一个典范，容忍对方的怪癖，试着改正自己的小缺点。

不是说我们真的做错什么需要改正。或许生活起居不整洁没什么不好，脾气暴躁也情有可原，因为太专心在别的事情上而无暇倾听对方说话也可以理解。然而，要是这些会令我们的另一半生气，那事情就麻烦了。我们希望对方快乐，所以尽量调整那些令他们不悦的习惯。当然我们无法改变与生俱来的人格特质，如果他们真心爱我们，也不会要求我们这么做。但也许把杂乱的毛巾挂好无伤大雅，的确比把它们随意丢在地上更整洁。或许，当对方真的感到心烦意乱时，花点时间倾听理解；或许，多外出购物；或许，偶尔少些狡辩。

我们的另一半的确不完美，我们自己也一样。我们不需要设身处地站在对方的立场替他们想，因为我们早已是他们生活的一部分。或许，我们真正需要的是多一些宽容，少一些责难。

要么我们接受他们的生活习惯，要么我们改变自己的坏习惯。

24　让另一半以你为荣

如果你是按顺序阅读至此，想必已看过法则 20，那么你应该已经做到对另一半和善相待。我相信你的确这么做了。那么这个法则要讨论的是什么呢？这是给你一个美好的传统法则，做一个让另一半以你为荣的人，不仅是为了对方，也为了世界上其他人。

如果你希望对方和你出去时，在你身旁能够抬头挺胸，以你为荣，你得确保你的行为举止时时刻刻都能做到以下几点：

正直、诚实、体贴、周到、友善

无论是对待难缠的同事、街上行乞的乞丐、孩子学校里的老师或你的亲戚，你得确保所有行为举止没有需要多加辩解的地方。当然，有时候这很容易做到，有时候却是真正的挑战。然而，如果你不这么做，很可能会危害到你和另一半的关系，所以这个法则被归类在这个部分。

你不该指望另一半替你掩护、替你找借口或替你道歉。别和他们一同参加一个社交场合，却喝到烂醉不堪，这是不能容忍的。别要求另一半对你的老板撒谎，夸大你的病情，这不能接受。如果他们对别人粗暴无礼，必须由你去收拾烂摊子，这也是不行的。当然，违法更不可取，即使只是违规驾驶。

我认识一对夫妇，妻子在邻里之间广受欢迎，丈夫却像个瘟神一样让邻居避之唯恐不及。他无礼、冒犯他人、暴躁易怒且嚣张跋扈。在他得罪了所有邻居之后，妻子却得努力使生活维持现状。邻居不仅为这位女士感到遗憾，也在得知丈夫对待她的方式之后感到不值，认为她应该有更好的对象。但这不是我要说的重点，我要说的是，这位丈夫不该让他的妻子花费半生时间不断地替他道歉（甚至令她每次踏出家门，都感到难为情）。

没有人喜欢跟一个不圆滑、不和善、不礼貌或不为他人着想的人打交道。当然你也不该在你所爱的人身上加上这些重担。更不用说，他们的自尊将因而受到伤害。

所以，无论是为你的伴侣、为自己、为世上其他人，你都要做到永远诚实、公平且正直。当然，有些情况下不容易做到，而且不是每个人都同意你的做法。然而，如果你和另一半都了解在做决定之前，你已经过长时间审慎思考，选择了自己认为对的做法，而不是因为你们觉得简单，那么就没有什么事能让你自责了。

无论是为你的伴侣、为自己、为世上其他人，你都要做到永远诚实、公平且正直。

25　把另一半放在首位

我认识一对夫妇，他们决定抓紧机会建造自己的房子，并由丈夫负责建造工程。工程进行到一半，妻子因为一些正当理由，而变得不确定在房子完工后，自己是否愿意在此居住，这里我不便深谈那些理由。另一方面，丈夫却已费尽许多精力，不愿半途而废。

处在这个关头，很多夫妇可能会吵到不可开交，但这两位却不这么做。他们如何处理？丈夫对妻子说，如果她真的不愿意住，那么他们就不住了。相对的，妻子想到丈夫投入了那么多心力，至少应该试着居住几年，如果她真的不喜欢那里，他们可以卖掉再另寻住处。这是他们的协议，尝试一下新的住所，如果妻子最后仍无法接受，再另行打算。

他们能够达成良好协议的理由再简单不过了，因为他们都将对方看得比自己还重要。为了做到这点，他们必须倾听对方的想法，考虑对方的意见，希望对方快乐的心意比自己快乐还要优先；或者换个方式说，如果对方不快乐，自己也快乐不起来。

这是形成一段美好稳定关系的关键要素。我还没有看过在任何一段美满的夫妻关系中，双方不是这么互相替对方着想的。你得将另一半的幸福快乐看得比自己还重要，你得不自私，将自己放在第二位，否则，你们不但容易起争执，还会僵持不下。

如果伴侣选择对了，他会和你做同样的事情，这是双方关系能够常葆美满的秘诀。因为你的另一半会代替你把你的需求列为优先考虑，使你不需计较忽视自身需求的委屈。他会把你放在第一位，因此，你不必考虑自己。

在一段感情中，如果只有一方不断地为对方着想，对方却视为理所当然的话，这段感情注定要走向失败。或许你们仍能继续在一起，但也无法快乐。好吧，至少其中一人不会快乐。同时，看似占尽优势的一方也错失机会，无法拥有一段双方都感到更加幸福的感情。如果双方不以对方为优先的话，你们可能会遭遇很多难关，或渐行渐远直至各自生活。将对方放在第一位，你们的关系才能稳定、温暖，充满深情且令对方心满意足。

如果双方不以对方为优先的话，你们可能会遭遇很多难关，或渐行渐远直至各自生活。

26　懂得对方的浪漫

你如何向对方示爱？送鲜花或巧克力？带他们去餐馆吃一顿浪漫的烛光晚餐？亲自为他们烹调美味晚餐？每天跟他们说上无数次的我爱你？他们也同样会为你做同样的事吗？

如果你现在感到些许的愧疚，先别急，或许我可以帮你减轻愧疚感。记得有一次，我和一对夫妇用餐时闲聊。女方戏谑丈夫缺乏浪漫基因（以最友善、温和的方式）。根据她的说法，觉得丈夫从未对她表现爱意。他反驳道："这可不公平，我每天早上替你泡一杯咖啡、周末在你赖床时照顾孩子、时常帮你洗车，这该怎么说呢？"妻子毫不留情地回答："这才不叫浪漫，你不过是帮我做事而已。"丈夫灰心地反问："不然你以为我为什么要做这些事？"

我们有一个狭隘的观念，认为鲜花、巧克力和把我爱你放在嘴边才算是浪漫的举动。虽然这些的确是表现爱意最明显的举动。事实上，有数不尽的方式可以用来向对方表达心意。任何他们明明没必要做，却为了取悦你而做的小事，便是他们用来向你表现“我爱你”的方式。

如果你想知道另一半有多在乎你，别只是计较是否收到鲜花和巧克力。想想上一次为你换好的床单；你生病时递上的感冒药；你精疲力尽时为你拨打电话。如果这些琐碎平淡，听起来一点都不浪漫的小事不是爱的举动，那它们到底是什么？他们为什么要为你这么做？

如果你学会识别日常生活中这些爱的举动，不但另一半会觉得付出的爱被珍惜，你也会感到更快乐和有安全感，只要你明白，每一杯亲手泡的咖啡都是表达一句“我爱你”的深情密码。

爱的表现并不只是为你做些事情，有时候也可以是给你一些自由，如果这是你所渴望获得的。所以，当她说“尽管去钓鱼，今天我来照顾孩子”时，这是另一种表现“我爱你”的方式。

你不能指望另一半，或其他任何人，用和你一模一样的方式表达爱意。实际上，在回家的半路上停一下买束鲜花或巧克力没什么困难，这种想法很重要，也很慷慨。但早上率先起床其实要费一番工夫，洗车、除草或其他他们知道你不太喜欢做的事情也是。所以，请别因为没有表现所谓的浪漫而苛责你的另一半，相反的，给他们赖床的机会或为他们泡一杯咖啡，告诉他们你懂得他们的浪漫。

任何他们明明没必要做，却为了取悦你而做的小事，便是他们用来向你表现“我爱你”的方式。

27　成为对方的英雄

当你还是孩子时，曾沉浸在童话故事或幻想周围是个童话世界吗？我最爱假装我是个背负荣誉使命的骑士，骑在我的战马上和坏人厮杀；或假装我是个漫画里的超级英雄，以迅雷不及掩耳的速度冲入危险，用我的超能力拯救世人，或任何需要被拯救的人。

你还有机会当个英雄。我们每个人都需要一个超级英雄不时的保护，在恶龙逼近前伸出援手，在千军万马进攻前施展本领，在森冷诡谲的地下墓穴中带头前进。最近没有遇到这些危险了吗？好吧，我们再找其他机会，让你拯救世界（或至少拯救你心爱的人）。

我知道人们遭遇危机时总会迫切需要超级英雄来拯救。假设另一半突然进医院（可以治愈的情况），留下你照顾孩子、打扫房子，甚至还得靠你支撑生活。对你来说这是多么好的机会，赶快穿上超人装备准备大展身手。你令孩子感到鼓舞，衣服洗好、熨好，房子干净整齐，一切一如往常的美好。或者，搬家后，另一半对堆积如山、尚未整理的物品感到不知所措，但你早就准备好，精神饱满开始工作，让一切看起来似乎有条有理，甚至令人感到振奋又开心。又或者，他们的生活一团混乱，需要你给他们一个避风港，带他们远离风暴，休息几天。

做这些事情前有个前提，你必须确定另一半需要英雄式的拯救。我知道有些人（我是说自己）满怀热忱地介入，试图掌控局面，但太太根本不领情。这么做可能表示在施恩惠，暗示另一半无法妥善应付。但他们不需要你来掌控他们的生活，尽管他们需要克拉克或罗伊斯快速进入超级英雄模式把危机解决。危机解除后，你就要回复到原来的模式（这依然很好，只是不那么带劲）。所以，不要试图掌控另一半，把他们从恶龙身旁带走，真诚地替他们解除危机就好。

你也不必一定要当超人，当任何你想当的人就好。你觉得自己像是意气风发的埃洛·弗林，或力量强大、心思缜密的梅林？你是勇敢抵御外侮的布第卡女王吗？还是高高在上尊贵的自由女神？我们的内心里都有个独一无二的英雄，有些人擅长逼退外来的威胁，其他人则擅长为混乱带来冷静和淡定。有些人擅长创造奇迹，其他人则能找到方法置之死地而后生。

所以，继续努力，找出你内心里的英雄，找出潜伏于内心的那个人。当另一半需要你时，就勇敢冲向伴侣需要你的地方。

当另一半需要你时，就勇敢冲向伴侣需要你的地方。

28　求同存异

你认为当务之急是把家里收拾好、食物准备好，因为一小时后朋友就会过来一起用餐。然而，你的另一半却还在为星期一的会议报告绞尽脑汁，他早该把事情解决，将散乱四处的报告整理干净……真是快把人急疯。

你当然无法理解他为什么现在还有心情写报告，他也不懂你为什么现在要急着打扫跟准备食物。因为你们是不同个体，拥有不同的观点，对事情有不同的侧重点，有不同的个性，不同的想法。

如果你想拥有一段让你俩快乐，经得起时间考验的成功关系，你们必须接受两人是不同个体的事实。进一步讲，你们不只要接受两人的不同，还要找出这带给你们的好处。他擅长用言语沟通，而你的文字功力惊人；你们其中一人擅长组织，另一个则常常提醒你们休闲娱乐的重要性；其中一人总是有办法让孩子在森林里玩到精疲力尽，另一个是教孩子做手工艺和讲故事的高手。你们变成合作关系，因为各自不同的长处而组成了一个最佳团队。作为不同的个体时，你们都很棒，在一起时则有更强大的作用。

不用我说，如果你们在各方面都相似，那是多么无聊。毕竟你不会想要一个克隆人随侍左右，对吧?

当另一半正在做一些让你无法理解的事，或没有依照你认为的方式进行时，尽管这可能快把你逼疯，你也必须撑住，领会不同特质所带给你的好处。

但你也别过分在意你俩之间的不同，你们需要关注的反而是那些共同的特质，像是共同的爱好及兴趣。你俩都视雨中散步为乐事，都喜欢随意涂鸦、亲近自然、到酒吧里见见朋友或有其他爱好。

是的，如果你们对某些事情有相似观点，两人的关系将进展顺利。例如，教养小孩或一些生活习惯和兴趣等，你们该好好珍惜这些共同点。然而，容纳两人不同特质，能使你们的关系更健全稳固，即使有时候这些差异的确令你十分恼火。

你们变成合作关系，因为各自不同的长处而组成了一个最佳团队。

29　不要贬低你的伴侣

这听起来如此令人难过，但我猜有些你认识的人就是这么做的。我的确认识一些会这么做的人，我不愿苟同，因为我觉得这是很糟糕的事。他们在公开场合贬低伴侣，轻视他们，令他们在众人面前觉得渺小。你不禁怀疑，如果他们真的如此看不起另一半，为什么又要跟对方在一起？尽管他们可能尝试解释，也不代表那就是他们内心的想法。他们只是想从羞辱另一半当中得到某些乐趣。在我认识的人中，有些人会大肆羞辱另一半，有些人会趁机挖苦另一半，有些人则是为鸡毛蒜皮之事和对方争吵过后，出于气愤而偶尔这么做。

这不是处世之道。对任何人都不该这么做，更何况，他们是你的伴侣。如果你对他们感到生气，也不可在公共场合大肆宣扬。如果你无法在他人面前控制自己，待在家里把你的问题解决。然而，说真的，你必须控制自己的脾气。是什么样的反常心理让你认为，使深爱的伴侣感到自卑或看起来落魄，可以让你感到快乐或满足？

无论在任何情形下，以下行为都绝对不要做：

●让伴侣看起来像个傻瓜；

●讥讽或贬低另一半；

●对他们粗鲁无礼；

●取笑他们；

●到处讲他们的缺点。

私底下你不该做这些事情，在公共场合更不应该。

我希望心理学家会告诉你，会这么做的人其实很自卑，这种感觉可能是由于另一半的所作所为导致，所以，他们必须通过贬低他人来建立自己的自信。但你知道吗？我才不在乎到底是什么原因造成这种心理，没有任何理由能合理化这种行为。也许你们有更深层的问题需要处理，那就尝试去解决。然而，我们不能因为任何理由而蔑视他人。

顺便说一下，这里说的不包括善意的玩笑。我知道有些夫妇常深情但戏谑地逗弄彼此，这跟上面说的是两回事。只要双方都接受这个玩笑并觉得很有趣，反而是使两人感到更亲近的方式。你清楚知道自己婚姻的状况，如果你知道这些笑话会刺伤他们，就别假装另一半很喜欢你的玩笑，他们只是不得不用笑声来保全面子而已。

令人感到奇怪的是，贬低别人的人总以为可以让受害者看起来不堪。然而，如果你曾亲眼目击，就会知道并不尽然，常常是嘲笑他人者自己本身看起来也很可怜。我知道几对夫妇会这样，周围的朋友都认为越喜欢贬低另一半的一方看起来越糟糕，而受害的一方则越容易得到顾念。

是什么样的反常心理让你认为，使深爱的伴侣感到自卑或看起来落魄，可以让你感到快乐或满足?

30　你会怎么做？

你同意给伴侣一些自己的空间（见法则22），因为你认为他们或许会想要和最好的朋友共处一晚，涉足集邮，或随意摆弄相机。

而现在，你发现他们最好的朋友原来是异性，集邮爱好者聚会得离家一星期之久，或他们卖掉相机后又买了一台更高级的。甚至，他们打算放弃稳定的工作，参加一个两年的课程，而你却在养家糊口。或接受一个每个月必须有一星期离家外派的工作。

现在先撑住。当你在结婚证书上盖章时，这可不是你预期的两人关系，对吧？恐怕是这样。或许你漏掉协议里的附属细则，如果你爱某个人，帮助他们实现梦想、抱负及规划是你的责任。即使这些规划可能必须使你付出额外努力或感到辛苦。

但并不是说即使他们想跟别人上床或犯罪，你也得无条件支持。

上面提到的例子都是合理的要求及抱负，只是这些刚好不在你个人的预期之中。

如果你不试着表现宽容、热衷，或在必要时表现坚忍，使对方感受到支持，你就无法鼓励他们实现自己的梦想。同时，你得抵抗任何猜疑、嫉妒或愤恨的情绪。我知道有时候这很困难，非常困难。但记得，你们的关系将因此更紧密稳固，这是你最终的报偿，你的付出是值得的。

毕竟你还有什么选择？如果你拒绝合作，将使两人互相怨恨却无法脱离彼此，还扼杀了他们的梦想。如此的话，那你将变成什么样的伴侣？那是何种表达爱的方式？

你没有办法接受他们去做的事有哪些？不包含无条件支持对婚姻不忠或犯罪。除此之外，你必须明白拒绝合作的理由。你绝对有权表达异议，仔细跟他们说明你的想法。担忧是人之常情。举例来说，如果他们决定放弃工作进修，经济上的负担将使你拼尽全力。然而，和另一半讨论这个问题时，从正面支持的观点谈起，确实讨论该如何做才能使你的疑虑消除，这比一开始就持坚决反对立场却不解释要好得多。在心底，你必须存有帮助另一半顺利达成他们认为重要的事情的使命感。

如果你拒绝合作，将使两人互相怨恨却无法脱离彼此，还扼杀了他们的梦想。

31　生气只到今天为止

小时候，母亲常常如此告诫我。基于某种理由，小时候的我以为这代表不该把怒气带到梦中，免得在睡眠中死去。虽然这听起来很戏剧化，但确有这种例子。相信我，如果另一半意外在睡眠中离开人世，接下来的人生，当你准备上床就寝时心情也会大受影响。同样地，每次你目送他们离开家门，也许值得花点时间想想，如果他们再也不会踏进家门，你会有何种感受？抱歉，这听起来很病态。我的意思不是说你必须每日每夜痛苦地幻想这种场景，而是应该本能地把每次的分开当成离别般看待。

这也是日常生活中十分现实的法则，让你不会执着于不愉快的事情而感到抑郁。大部分人不是选择把愤怒压抑在心里，就是选择爆发出来，你是哪一种？如果你选择爆发，会一次发泄完，还是让怒气在几个小时，甚至几天内才渐渐消失。我们各自用不同的方式处理烦躁、沮丧及怒气，你的伴侣的处理方式也会影响你。

持续争吵的关系是不健康的，然而，在理智成熟的范围内，偶尔的口角不见得不好。当然，法则实践者从不威胁对方、辱骂对方、胡乱指控只为让对方受伤，或口不择言说出让自己后悔的话。但在这些范围里，你们当然可以不时有些争论。

这不同于和同事、兄弟姐妹、某个客服人员或挡路的驾驶者起争执，而是和世界上你最爱的人意见不合，这是多可怕的事情，你们得尽快让事情过去。最好的处理方式就是双方有个明确的协议，当事情结束就结束，别翻旧账，或继续生闷气。

生气只到今天为止，每天都是新的开始。除非你将怒气留在今天的床褥里，否则无法做到。当然，大事件可能需要稍后重新讨论，但你们不再是敌对的立场，也不可在讨论中再怒气冲冲。

你必须记住，不可因争吵后余怒未消就分房睡（即使你们有多一间房间），或像个刺猬般把背转向对方。这种行为只会在二流或更糟的婚姻关系中出现，绝不会出现在法则实践者的婚姻里。你们两个都很成熟，可以在每一天结束前修补你们的矛盾，明白因为太爱对方，所以不值得争吵。如果你的另一半还不太习惯先低头，那就由你先这么做。所以，你该如何进行并确定两人的矛盾在就寝之前迎刃而解？这很简单，你必须继续阅读下一个法则寻找答案。

生气只到今天为止，每天都是新的开始。

32 先向对方道歉

成熟的人不应无理取闹。当然，他们会和对方讨论，会和对方意见不合，甚至会和对方激烈争辩。感到受伤、愤怒或沮丧之时，他们会坦率表达内心感受，但不会用无理的争辩胁迫对方道歉，来让自己感到好受。

我们的确有时会这么做，但这是不对的。有时，我们会忘记用理性的方式向对方表达：“当你说……时，我感到……”我们都知道要这么做，却用幼稚的行为使对方难过。别担心，每个人都曾犯过这种错。不要紧，我猜或许是对方先开始这么做的。

最大的问题是，我们当然不想和深爱的人争吵。当争吵发生时，我们该如何处理？可能你已经从这个法则的标题瞧出端倪，就是先说抱歉，在他们没说之前先说抱歉。

对于先道歉，你的感觉怎么样？不明白为什么你要这么做？感到没面子、羞辱、委屈自己？不，别这么想，你是个法则实践者，你有强大心智和自信来做这件事。毕竟，我没要求你在500个人面前当众道歉；只是向你最亲近又亲爱的人说抱歉，这是可以做到的。

那为什么道歉呢？当你觉得自己理直气壮却不得不道歉，这不是很伪善吗？不，这不是你先道歉的理由。原本只是对于不同意见的辩论，你却让它演变为争吵，是为此而先说抱歉。虽然双方可能都不对，但你因为自己幼稚的举止及错误的行为而先向对方表示歉意。

必须有人得先结束这些幼稚行为，因为你是个法则实践者，所以就责无旁贷这么做。如果另一半也是法则实践者，你得抢在他们之前行动，才能打败他们。你得证明至少你们其中一人是宽宏、大度、敞开心胸、成熟的人。或许幸运的是，对方会有所回应，证明他们也能像你做到这些，只是需要你提醒一下。

不管你们争执的事情是什么，等双方冷静下来，不论这件事需要解决与否，试着修补你们的关系，这比生闷气或怀恨在心要好很多。你们两人把自己陷入窘境，也得两人共同努力才能摆脱不愉快。

记住，你是为了引起过度激烈及失控的争吵向对方道歉，而不是为了你原先的理念及行为。当然，如果你有说错话或做错事，就更应该道歉。

因为你幼稚的举止及忽视所有相处法则导致争吵，为此向对方表示歉意。

33 让对方说最后一句

在你们讨论、聊天、争论时，或者是在争吵的时候，该说的已经都说了（可能不该说的也说了），那么为什么不闭上嘴呢？理论上双方可以同时停下来，但实际上却很难做到。那么，你先闭上嘴怎么样？

很多人觉得这很难做到。我想我们会认为如果让对方说出最后一句话，而自己不去反击的话，我们就是在承认对方是正确的，自己是错误的。

但是，只有在我们进行某种竞赛的时候才是这样。在竞赛中，我们会努力多拿分数，争取某种（小小的）胜利。但是，这似乎并不很成熟，对吧？更准确地说，如果你回想一下你们双方最初是怎样开始争执的，我想你们会发现结成伙伴关系，即组成团队会是个更好的办法。这样一来，你们不就会在同一阵线上了吗？

如果你们处在同一阵线上，那么你认为队员之间互相争夺比分意味着获胜还是失败？

当然你们会有不同意见，但是关键是要一起找到解决方案。我知道有时你们双方都需要冷静下来才能达成共识，但是说出最后一句话是不会让人冷静下来的，只会起反作用，因为这是在争夺比分。最后一句话的作用至少会增加你们的怨恨，甚至可能会让你们重新开始争吵。

然后你们就像被困在跑步机上一样停不下来，除非某个人决定闭上嘴。闭上嘴的这位成熟稳重、细心体贴、聪明睿智，既能顾全大局，宰相肚里能撑船，又有判断力，能抚慰人的心灵。没错，这人就是你。

争吵结束得越早，你们就能越早地共同寻找令双方都满意的解决方案。所以，让他们说出最后一句话并不意味着你输了，这意味着你赢得了一同寻找双赢方案的时间。试试吧，享受那种处于较高道德水准上的感受吧。[①]

你们就像被困在跑步机上一样停不下来，除非某个人决定闭上嘴。

① 装模作样可不行，否则你就不是处在较高道德水准上了，对吧？

34　共同解决生活中的难题

你常常遇到这种状况吗？当一人诉说他们相处中遇到的问题，而另一人则回应："这跟我一点关系都没有。"我知道有些人严肃地告诉另一半："你的嫉妒/愤懑/压力是你自己的问题。"有些人直接告诉另一半说："我不是很满意你加班/我们住的地方/我们吃的食物/你在床上剪脚趾甲"，所得到的回应只是："那不是我的问题。"

这真的有问题。理论上来说，如果另一半不快乐，你就有麻烦。这是双方的问题，需要你们两个一起找出症结点，共同解决。这就是为什么我们用另一半称呼彼此，因为你们两个都是组成这个共同体的一部分。

事实上，这种态度一直让我感到相当失望，另一半毫无保留地告知自己他们不快乐，但有人却能毫不在乎，不愿意做丝毫努力来改善。这也代表另一半在他们心中渺小到甚至不用挂心。

另一半不开心是他们自己的问题，就这样。不管造成他们不开心的原因是什么，不管你同意或不同意，不管你是否觉得另一半傻气、不可理喻、可悲、愚蠢或心胸狭窄。事实上，他们不开心的确是个问题，而且是你的问题。

所以，请别对号入座，毕竟你是个法则实践者，了解很多经营婚姻的法则。如果另一半告诉你有些事不太对劲，就认真看待它们。我的意思不是要你马上放弃工作、搬离住处、多生几个孩子、摆脱你们的孩子或解决任何让他们悲伤的事情。你必须先了解这是你们共同问题，再以一贯的方式达成一个共同解决的方案。

什么是一贯的方式？你知道的，就是一起讨论、共同找出造成问题的原因及可以解决的方案，一个双方都能接受并不会带给其中一方新麻烦的方案。抱歉，我应该说的是：一个不会带给双方新麻烦的方案。因为，一段稳固的关系中只有共同的问题，没有个别的麻烦。

事实上，他们不开心的确是个问题，而且是你的问题。

35　别过度崇拜对方

有些人真的对另一半有着狂热的崇拜，将他们视为国王或皇后，盲目地追随他们。也许你觉得不会这么极端，但当你爱上某个人，很容易让自己相信他们是完美无瑕的。

但他们也没那么神奇，也只是人类罢了。迟早，他们会犯错、会把事情弄糟或搞砸、行为失控等。这是无可避免的，你会犯错，我会犯错，每个人都会犯错，即使是使你陷入爱河的上帝或女神也是如此。

如果你认识到并接受这个事实，那很好。但我们常常希望自己的上帝永不犯错，这将使你的爱人为了符合你的期望背负沉重的压力。他们可能享受被景仰的感觉（或他们并不喜欢，不是每个人都希望被崇拜）。无论如何，他们都会担忧，一旦无法满足你理想中的形象，使你幻想破灭怎么办。这对他们不公平。

当你心中的绝世佳人体重暴增，你眼中的正直先生对他的老板撒谎，你身边坚如磐石的依靠突然倒塌，你会有什么感受？迟早，你的另一半会表现出他们像普通人的一面。到那时，你会对他们感到失望吗？这对他们不公平。他们从未宣称自己是上帝或女神，是你将他们推上那个位置。他们做的只是从那个位置走下来，以自己的方式生活而已。

听着，如果你希望看到伴侣是个完美的超人，我觉得这没关系。毕竟，如果你已读过法则 27，你自己可以当个超级英雄。只要你了解他们也是人，和其他人一样有着短处及弱点。超人不也是经常出错、不怎么讨人喜欢的克拉克·肯特。到最后，一段由不完美的人共同经营的关系，将比和不管多优越的外星人相处有更多收获。

所以，如果你为伴侣提供一个舞台，让他们可以偶尔登上，享受你崇拜的目光，这很好。但别期望他们得一直待在上面，允许他们开心地享受像个上帝一样的时刻，也让他们自由地来去。让他们在退下舞台，像个脏乱、复杂、普通的人一样依偎在你身旁时，也同样感到自在。这将使他们生活不再有太多沉重压力。坦白说，也会使你们的生活更加有趣，关系更加真实。

一段由不完美的人共同经营的关系，将比和不管多优越的外星人相处有更多收获。

36 知道倾听与行动的时机

这是我觉得最难做到的法则之一。我知道我应该做些什么，跟以前比起来，正确反应的次数也越来越多，但我仍然无法在每次该反应的时候都恰到好处。或许，男人就是这样。

那么我哪里做错了呢？当某些人告诉我他们有麻烦，我试着解决它，对我来说再理所当然不过；但明显的是（就像我常常被告诫），这不是他们要的。我可以理解这种想法，只是我必须常常提醒自己。所以我把这写下来，除了向你说明，也希望能将这法则深深地映入我的脑海之中。

当然，有些问题需要用行动来解决。如果另一半打电话对你说，他们塞车了，无法及时赶回家接小孩/准备晚餐/喂猫，希望你能够伸出援手。但当他们回到家告诉你说，在工作上跟某人发生不愉快，他们并不是真的想听你的建议，他们需要你做的只是聆听，让他们知道他们没有无理取闹。他们需要的是沮丧、愤怒或伤心的认可。只要倾听和适时地发出一些回应，像“嗯哼!”“你这么生气我一点也不惊讶，要是我一定暴跳如雷。”只要给予他们发泄情绪的地方就好。

人是奇怪的生物，我们需要别人认同我们的反应和行为。你的伴侣需要你接受他们的反应并视为正常，来合理地增强他们自身的感受。如果在他们说完之前，你就迫不及待地插话：“好，我来打电话给你同事，不客气地告诉他我怎么想的。”不需要你这么做，他们大可以为自己争取。他们只是需要你来告诉他们没有过度反应，或无理取闹。

那么，你怎么知道何时需要什么反应？是帮助还是耐心倾听？这样吧，如果你先仔细倾听，事情会变得明朗。如果他们告诉你无法及时回家接小孩，这时候你需要做什么便十分清楚。当他们告诉你办公室的争吵时，要是他们需要建议，可能有线索可循，像当他们说：“你觉得我应该怎么做?”时，如果他们没有寻求建议，他们可能就不需要。如果你还是有些怀疑，那你可以这么问：“你需要任何建议，还是只想一吐为快?”

当然，他们可能需要你的帮助，也需要一双善于倾听的耳朵（或顺序相反）。当另一半终于穿越车阵顺利到家时，你已经解决小孩/晚餐/猫咪等事情，他们可能还是需要你的倾听。为什么？因为他们需要你来证实他们度过了一段令人沮丧/害怕/悲伤/忧心/愤怒的事，你的体谅、同情使他们感觉被理解。

人是奇怪的生物，我们需要别人来认同我们的反应和行为。

37　保持吸引力

你依然对你的伴侣着迷吗？我希望是这样，也希望他们对你有同样的感觉。毕竟，我找不到任何理由使你的魅力消失，你的魅力还在吧？

我猜，你希望另一半和你当初遇见他时同样善于打扮、同样具有吸引力，这可以理解。好吧，也许岁月在他们的脸上增添风霜。如果你希望他们为你做些努力，同样的，你也必须为他们花点心思。我谈的不只是外表，还有你的行为举止及对他们说话的态度。像说话时的柔软声调及表达爱意的甜言蜜语，这些都是我们能够展现的魅力。如果你已有一阵子不再对他们这么做，这对他们不公平。如果他们也这么对你，你也不会感到开心。

有一点要澄清，并不是说你每天早上必须花几个小时上妆、搭配衣服、刮胡子或选择饰品。当我们初次与某人相遇，常常是以外出时的得体装扮出现。过了几年后，或许因为照顾孩子及繁忙的日常工作，以致得体亮丽的装扮总是令人感到有点不切实际。况且，你的体重也可能随着岁月增加几磅。这些都无关紧要，如果另一半爱你，他们仍会因为你本来的样子感受到你的魅力。

那么，我现在要说的是什么？我的意思是，尽管生活繁忙，也别让自己变得日渐邋遢。别以为你的男人或女人已经手到擒来，就可以不修边幅，穿着运动裤和肮脏的T恤在家里晃荡，当着他们的面剔牙；还是有些标准我们必须维持，这是你该做的。你依然在乎他，愿意为他保持魅力。

把头发梳理整齐，选择干净和亮丽的穿着，使你看起来讨人喜欢，其实没有那么困难。不需要做太多花哨的事情。或许你根本没时间上妆或从不上妆。如果你是男生，或许你偏好满脸胡须，而她也喜欢你的样子。你要做的是想到他们的感受，向他们表示你的尊重。这里说的感受是他们的“实际所见”，他们是花最多时间看着你的人(除非你花很多时间在镜子前面)。

不仅如此，你还是可以做些努力。我明白当生活繁忙时，早晨并没有太多时间。然而，在特别的日子里，如生日、约会、派对等，你还是可以为另一半好好打扮一番。有时你可以像你们第一次约会时一样，在镜子前花点时间，让你的另一半觉得可以和你约会或在一起是老天赏赐的幸运。

你所要做的是想到他们的感受，向他们表示你的尊重。

38 多赞美伴侣

夫妻在一起久了之后，常有这种对话：“你很久没说我漂亮了。”“你知道你很漂亮，这还用说吗？”

夫妻之间常出现类似的对话，并不限于外表。只是我注意到，这一类对话中，外表是最常被提到的。另一个在夫妻间也常出现的对话是：“你很久没/几乎不对我说你爱我。”然后是相同的回答。

我们都需要安慰和鼓励。生而为人，这是我们生存的运作机制。每个人都喜欢在有好表现时得到褒奖，这是为什么尽管孩子早已知道谁是第一名，学校依旧会举行颁奖仪式；每年举行奥斯卡金像奖或年度体坛风云人物的颁奖典礼，也是基于同样道理；更别提为什么你一再地告诉孩子你爱他们。人都需要被认同及称许，通过言语，我们得以向他们传递这种信息。

伴侣也不例外，如果他们爱你——我相信确实如此，那么你的认同将比其他人更意义重大。所以，你得在他们值得称许时，表达出你的欣喜及赞美：

- 当他们看起来容光焕发时；
- 当他们特别仁慈、体贴或有耐心时；
- 当他们做了某件令你欣赏或推崇的事时；
- 当他们准备了某种东西——美味晚餐或礼物时；
- 当他们特别机灵或有创意时；
- 当他们逗你发笑或取悦你时。

除此之外，向他们表达你的爱。就我个人而言，我找不出一天不说一次我爱你的理由，当然多说几次也无妨。每天出门前或就寝熄灯前这么做很棒，但如果变成一个敷衍的习惯，就会失去意义。所以，你也得在某些出其不意的时刻，由衷地告诉他们这句话（当然是出于真心）。

这些赞美将使伴侣感到被珍视及关爱，使他们更爱自己，这正是你想要的，不是吗？与其想着："这么显而易见的事情，无需多言。"不如你应该这么认为："既然我的感受如此强烈，何不让他们知道？"

这也适用于你和孩子间、朋友间、家人间的相处，但先从伴侣开始，直到你能够体会每个人的优点，并衷心赞美为止。

你得在他们值得称许时，表达出你的欣喜及赞美。

39　不要像父母一样管束对方

对于你的伴侣，你扮演着各种角色：朋友、爱人、伴侣、知己、盟友、安抚者。这么多的角色，你最不该扮演的是他们的父母。他们已成人，不再需要无微不至的照顾，至少不需要那些他们已经经历过的管束。

你的伴侣是能够掌控自己人生、成熟且独立的个体。他们选择与你分享生活，我希望你因此感到感激。他们不需任何人来告诉他们该如何过自己的人生，所以，别让我逮到你用这种口气告诉另一半："进屋前把肮脏的鞋子脱掉！""你怎么吃那么少，快吃，多吃点青菜！"或"你的运动量太少，快去健身房！"

这些决定都是他们可以为自己决定的，别干涉太多。不是说你不能表达任何意见，但不需要指使他们该怎么做。毕竟这是你个人的意见，表达时，单纯地诉说你的观点，别用命令的口吻。

我可以告诉你，如果这么做的话会有什么后果，我曾亲眼见过这发生在一对我认识的夫妇身上。如果你对待另一半像父母管教小孩子一般，他们可能会有两种反应。第一种可能是他们会变得像小孩般依赖，温顺地照着你的话去做，允许你扮演父母的角色。刚开始可能不会有什么大问题，久而久之，你们的平等关系开始失衡，当你需要有人照顾时，他们似乎不再是最佳人选。同时他们会期待你替他们解决所有问题，你却无法每次都游刃有余。最终你们俩都会感到失望和挫折，这绝不是让两人关系美满的快乐配方。

另一种可能则是他们会像个叛逆青少年，当面反抗你。由于他们的厌恶及反抗，将导致你们的争吵与冲突。

如果你想当某人的父母，生个孩子吧，这是唯一的解决方法。别在伴侣身上练习做父母亲的技巧，因为他们值得更好的对待。如果你发现自己有这种倾向，以开玩笑的方式转化它，并请伴侣在你无意识这么做之时提醒你，让你停止这种行为。否则，轻则可能招致对方反感，重则可能损害你们之间的关系。

如果你想当某人的父母，生个孩子吧。

40　成为对方生活的一部分

我认识一对夫妇（他们曾是夫妇，但现在已经分开），他们各自做各自的事情。虽然偶尔他们会一同出席社交场合，但他们各自有很多朋友。男方放弃他的工作，因为新工作的职业培训必须远行，一个月得有好几个周末不在家。当他在家时，太太就会出去工作，把孩子交给他照顾。他们几乎碰不到面，他没机会告诉太太工作培训的事情，所以她不知道他生活中重要的部分进行得如何。同时，因为和太太的家人相处不和，他几乎不和他们一起活动，反正他也没有时间。

你应该知道接下来发生什么事。太太的家人生病，但他没帮任何忙，因为他跟太太的家人完全没联络，也弄不清楚家族的成员。同时，他忙着结交新朋友并越来越投入新的培训课程中，然而，太太不认识其中他的任何一个新朋友。无可避免的，这如同压垮骆驼最后一根稻草般压垮了他们的婚姻。我想，唯一值得安慰的，大概是分开对他们来说没什么差别，反正和之前的生活差不了多少。这么说并不公平，事实上，他们经历了一次痛苦的离婚，但你知道我想表达什么。

如果你不参与另一半的生活，那在这段婚姻中你的作用是什么？当他们遇到问题，如果你不了解牵涉的人员，如何帮助他们？当庆祝成功时，如果你不了解成功背后的一切努力，你如何真心喝彩？不能因为你对他们生活中的某一部分不感兴趣，就避之不理。如果你这么做，最终将使你们俩完全退出彼此的生活。

我不是说你们必须时刻和对方在一起。你们当然可以有各自的兴趣和各自的朋友。事实上，因此多些话题和对方谈天，倒是不坏，这是你们随时在一起很难做到的。然而，你们还是得尽可能与对方的生活有些连接。不管你有多不喜欢在他的办公室现身，也要尽可能去做，这样下次谈起他的同事时，你才会知道他说的是谁。确保自己做到偶尔和伴侣的朋友相聚，并且和他的家人联络感情。

你们俩拥有各自的爱好和兴趣很好。然而，当伴侣在处理车子刮伤的事情时，如果你不想参与，那么至少在他身旁，第一时间看着他们开着处理好的车子上路。如果你不想亲自喂养天竺鼠，我完全可以理解，但至少试着记住它们的名字，并且一起去看天竺鼠秀（或不管它们做什么表演）。从参与对方的生活中，你们俩都会得到许多好处。所以，和另一半共同参与生活里的波折起伏，即使你未全程参与，也要在旁守候。

如果你不想参与，那么至少在他身旁。

41　以幽默化解小摩擦

另一半做什么事情让你恼火？我想可能有很多。你马上能想到的是什么？他们常常把你喜欢的歌唱走音？他们常在看电视时没经过你同意就乱换台？帮你接电话但却忘了把留言告诉你？直接把沾了奶油的餐刀放在桌上？你说话说到一半就打断你？打鼾？把还没完全用光的牙膏丢掉？我猜，有太多令你恼火的琐碎小事。

我还没见过从未因为小事把另一半惹恼的夫妇，这无可避免。当然，我们得学着宽容（见法则23），不能要求他们改变原本性格。但说真的，他们难道关门一定要关得惊天动地，或散步之后，让全身淋湿的小狗直接冲进厨房？

你会感到惊讶，原来有那么多的琐事可以让你烦恼。如果你觉得无法通融某些事情，让另一半知道你的感受，这比你自己隐忍，把自已搞得越来越泄气和不悦好多了。毕竟，如果你不告诉他们，他们怎么会知道呢？或许他们从未意识到这些事情会令你恼怒。

还有一个重要的解决之道，以幽默的方式让另一半了解困扰你的事情。我和太太发展了一套沟通模式，每当她说："顺便说一下，为了将来可作参考……"我就知道因为我无意识地做了某件事情而有麻烦了。因为她总是用这种句子当开场白，这变成我们之间的典型笑话。因此她总是带着微笑说，而我也总是回答她："不管什么事令你不开心，我很抱歉，到底我做了什么事让你不开心？"

我有个朋友曾经成功让另一半了解她的观点，还逗他发笑。因为她用挖苦的语气对他说："你知道，就一个男人而言，你出乎意料地多才多艺。你可以同时令人感到烦闷并且激怒别人。"现在她只要挑起眉毛说："你又在表演你的多才多艺……"另一半就会收到她的信息。

最后，还有一个重点得说明，如果你要批评人，那你也要能接受批评。信不信由你，你可能也有一些让另一半不悦的习惯。只要他们试着以充满爱意、幽默的方式对你说，他们也要有不惹你动怒的免死金牌。正视他们的感受，即使你觉得让浴室的门半开不关，或把喝完的牛奶盒放回冰箱没什么不对，但如果这些事令他们恼怒，你必须给他们机会说出来。

如果你要批评人，那你也要能接受批评。

42　多花心思取悦对方

你是说送过对方花就够了？不，不够，试着每星期送对方一束花。上个月，你为另一半做了一顿特别的晚餐，但距今也相隔很久。尽量在每一次做菜时，为他们准备一顿好吃的东西，不需要昂贵的餐点，准备一些他们爱吃的东西即可。呈上桌之前，试着装饰一下，花点时间准备配菜，使菜肴看起来色香味俱全，或在一旁配上新鲜可口的沙拉。我知道有些日子大家难免吃的比较随便，但当有余力准备之时，请尽量准备。

为他们冲一杯咖啡；换掉令他们感到烦躁的灯光；熨衣服时顺手把他们的衣服也熨一熨；为他们洗车；看到适合的小饰物买给他们；在网络上花点时间搜寻他们一直想要，但却买不到的东西当作生日礼物。

每天只做自己分内的日常家务是不够的，即使你们早已说好分工合作；只在他们生日时送上卡片和礼物也是不够的；圣诞夜为他们准备袜子或一些性感睡衣也不够；在他们生病时只送上鸡汤是不够的，你应该做得更多。

他是你最爱的人，如果你不愿意为他们付出，那么我想你也不会对其他人付出。理所当然的，他们应该排在第一位，毕竟那是你的爱人，你生命中最重要的人。运用你的想象力，你可以做些什么令他们感到吃惊、惊喜、高兴？怎么做才能令他们觉得自己特别、受宠，感受到你真挚的深情？

这不需要花钱。帮他们做日常家务，在花园里为他们挑选一束花，陪他们看想看的电视节目，即使你根本不喜欢这节目。不需要昂贵的礼物或奢华的招待，一点也不用，重要的是你的付出、心意及关爱。

你也会从中感到很多乐趣。这是娱乐自己的好方法，通过想些新颖和创意的方式向另一半表示爱意，许多单调乏味的时刻都变得新鲜有趣。这也是你们俩无尽快乐的来源。计划奖励、约会及礼物时，你会感到有趣好玩，而他们发现你的精心准备时也会感到开心，感受到你的深情。看到他们快乐，就是给你的最好的回报。

通过想些新颖和创意的方式向另一半表示爱意，许多单调乏味的时刻都变得新鲜有趣。

43　让对方看见你就感到快乐

你还记你们最初在一起的感觉吗？两人处于暧昧阶段，甚至在一起的初期，你的心仍有如悬于半空中的感觉。要是早一步抵达你们相约的地点，你会怀着紧张的心情直到他的出现。当他走进房间，你的心也不自然地怦然跳动。不管何时，只要见到他，你的世界立刻被点亮，就像太阳升起。不管何时，只要他离开，你就感到失魂落魄，直到再次相见。

这种悸动在一起久了之后会逐渐减弱，被不同的情感取代。你不再因为看到他而惊喜，不再感到紧张，除了必要跳动，心也不再跳得更快。然而，当他走进房间，你应该感到更快乐，因为自己是他选择相伴一生的人而感到骄傲。如果他有要事外出一到两个晚上，当他们回家，你也为看到他们而感到兴奋不已。

当然，你也希望另一半对你有同样的感觉。你希望他们在你出现时感到激动、振奋、骄傲及快乐。毕竟，能够带给别人许多喜悦的感受，是让你感到活下去的理由。如果仅是走进房间就能改变某人一天的感受，你的生命会从此变得更有意义。你有这个能力，就像另一半也对你有这种影响一样。

如果你一直按法则行事，每一次看见对方时就展现你的爱与温暖，提供安全及抚慰，你就能够确定你有影响另一半的能力。你可以从这着手，不管何时看见他们，以温暖及令人愉快的方式迎接。

不要一进家门就嚷嚷着茶怎么还没准备好，或发泄整天的不愉快。走进家门时，面带微笑，给对方一个亲吻和拥抱。如果你过了糟糕的一天，别抱怨说："今天真是糟透了。"这么说吧："经过这么难熬的一天，现在能回家跟你在一起真是太好了。"当然，还要关心他们今天过得如何，倾听他们的回答。

我知道，本书某些法则实行起来有难度，但这个法则不会。实行这个法则不仅简单且充满喜悦，还能直接见效。下次回家时，你没有理由不这么做。

不管何时看见他们，以温暖及令人愉快的方式迎接。

44　别把责任归咎给对方

生活中，我们难免有时把事情搞砸。有时候，当不幸发生时，我们真的很想找一个替罪羔羊出气。有谁比另一半更容易被我们拿来开刀？毕竟，他们就在身旁，说不定他们还曾出过主意或掺过一脚，才导致这个惨剧发生。不管是否置身其中，他们是最明显的标靶。你只需在他们身旁没好气地说："你到底搞什么，居然没带相机出来。"好了，你感觉好多了，把责任归咎于他们的疏忽就好。

不能因为爱，你就丧失独立的能力，不管谁负责打包，你可以自己带相机，或出发前检查行李。如果你单身，你会自己打包所有东西，丢三落四也只能怪自己。这么说吧，不是有了伴侣之后，你就不必为自己负责任。出外度假时你希望带相机拍照，那就自己去确认相机确实放进行李里。

我注意到，有了小孩之后，夫妻间更常把彼此当作出气筒。照顾孩子使你们很容易失误，既然你们对孩子有照顾的共同责任，你就有了更多机会可以把责任推到另一半身上。我曾听过为人父母的夫妇不止一次说着：“我早就告诉你，要多带一些尿布!”这总是让我感到困惑，为什么是其中一个人向对方下指令呢？其实，在这个例子中，他们虽然认为照顾小孩是共同的责任，但事情不顺利时，就把责任推给了对方。

有些推卸情况可能更严重：“难怪我们现在一穷二白，去年我不该听你的话出国，你明知道我们负担不起。”这不对吧，这种情况下或许你的看法是对的，你的确不该听他的话出国。然而，虽然你有自己的看法，如果没有及时表达，那就是你的错。

关于双方责任归属，实在令人困惑。我发现所有夫妻关系中，总有些事情自然而然就被认为是其中一方的责任。如果你乐意当一个领航者、财务管理者或假期规划者，这样很好。万一你不喜欢被分配到的任务呢？那么你必须说：“不好意思，我不喜欢这个任务。”同时，你也必须让另一半有选择的自由。

当然，我也发现，有时候另一半得为他的错误负起全责（而你也是)。如果对方在未事先告知你的情况下就买了一辆昂贵的轿车，还马上撞坏，我想他们必须负起这个责任；或假设他们保证："别担心打包相机的事，交给我处理就好。"

然而，你很清楚我的意思。把事情都怪在他们头上的同时，其实你很清楚知道自已也负有同样责任，这么做只是为了推卸过错逃避指责而已。成熟一点，和对方共同承担错误，宁可用幽默化解，承认是你们俩一起把事情搞砸。

虽然你有自己的看法，但如果没有及时表达，那就是你的错。

45 如果不喜欢对方的朋友，就告诉他

如果我们能像另一半一样欣赏他们的朋友，那真的很好。如果能和他们大部分的朋友相处愉快，那就更幸运了。然而通常，总有一两个，我们不太想跟他们往来。或许他们粗鲁无礼或沉闷无聊（至少在你看来），又或者你觉得他们会带坏你的另一半。

问题是，你能怎么办？你能做的事不多。让另一半知道你并不想与他的某些朋友往来也无妨，但别因为你的主观为难他们，只要告知他们就好。你可以这么说：“我不太欣赏某某人，如果你们晚上要一起出去，那我更愿意自己做点别的事情。”

长远来看，隐藏你的感受并不容易，诚实说出你的理由反而比较好。别批评朋友的不是，因为另一半一定会想尽办法辩驳。毕竟你这是在批评他们选择的朋友。保持该有的礼节，尽可能巧妙地避开他和

那个朋友的聚会。

你不能指责另一半，或期待他们选择符合你期望的朋友，他们有自由选择朋友的权利，你也是。你无权告诉他们可以和谁或不可以和谁往来。试想，如果他们这么对你，你会怎么想?

有时是你的嫉妒在作祟。如果另一半花在朋友身上的时间远远超过你，你的不悦可想而知。然而，他们的确需要花一些时间和朋友往来。如果你尝试阻止他独自参加社交活动，这种不合理的要求将导致他的不满。你得试着找到平衡点，让双方都能接受。

我必须告诉你，我无法想象任何一段成功的夫妻关系中，夫妇双方或其中一人不喜欢对方大部分的朋友。许多社交聚会都需要双方共同出席。如果另一半选择把大部分时间和你不喜欢的人一同消磨，或许你该仔细想想，为什么他们就是要和这些朋友在一起。我知道很多人觉得另一半的朋友有些无趣、有点令人讨厌，这很普遍。如果你真的无法欣赏他们，谨记你的另一半也是他们之中的一分子。如果你觉得他们不是什么好人，为什么另一半选择和他们做朋友?

他们有自由选择朋友的权利，你也是。

46 为什么会引起猜忌？

在展开这个法则之前，我得先说明这不适用于另一半实际上已经出轨的情况。在那样的情况下，猜忌是可以理解且有正当理由的。这个法则指的是每当另一半离家、独自外出或工作晚归等等，你都禁不住疑神疑鬼。也许你曾试图偷看他们的邮件或手机的通话记录。

猜忌是最容易导致一段关系恶化的一点。我曾见过一段几近完美的感情因此瓦解。当无辜的另一半遭受到这些莫名的怀疑时，可想而知，他们因为不被信任而感到生气或愤怒。回到法则13，当你仍在寻找理想伴侣时，我们已经建立一个观念，一段美好关系不能缺少信任。即使现在你已找到生命中的伴侣，信任仍是维系你们关系的关键。在事情没有被证实之前，另一半都是无辜的，你必须信任他们。

很多理由让你感到猜忌和怀疑，其中大部分的缘由其实都来自你自己本身曾有的经历。你要理解的是，你必须负责找出自己无端猜忌的原因。另一半没有随时报告行踪，或不时交出手机给你检查的义务。

如我们在法则34提到，所有问题都不会是单方面的，我希望你的另一半也想解决这个问题。然而，如果你天生爱猜忌，不管他们如何尽力都无法满足你的疑心病。你会怀疑他们在交出手机前是不是把信息先删了，你会每隔10分钟就想掌握他们的行踪。唯一解决办法只有你找到自己无端猜忌的原因并处理它。或许你可以靠自己或朋友的帮助来处理，也可以和你的医生或咨询师讨论，选择任何对你有效的方法。你一定得处理这个问题，否则很有可能最终连个让你猜忌的对象都没有。

顺便说一下，假设你是被怀疑的一方，如果表现得彻头彻尾可能会把事情弄得更糟。我知道你很可能这样做，毕竟你不觉得有每分每秒向对方交代行踪的必要，的确如此。然而，如果你希望这段关系能够继续，当对方出于猜疑又开始试图掌控你的一举一动时，你得再三向他们保证使他们安心。如果对于这件事反应过大，坚持自己的忠诚没必要证明，实际上或许你是对的，但你可能毁了这段关系。

另一半没有随时向你报告行踪的义务。

47　另一半比孩子更重要

很多人都无法顺利实践这个法则，这完全可以理解，但这不是我的重点。提供这些法则只希望你从中受益，即使你有很好的借口忽略它们，并不意味着你不会因此深受其害。这个法则是你绝不能忽略的重要法则。

当孩子还小时，如果你花比较多时间陪伴小孩，很容易把小孩看得比另一半还重要。当他们渐渐长大，教养他们仍是一件吃力的事情，更惨的是现在你已习惯把他们放在第一位。但最终，他们会离开家，这时你还剩下什么？一个 20 多年来不被你视为重心的另一半，一个令你感到疏远的另一半。这真是一件令人遗憾的事，要么你得和他们共度剩下的几十年，要么离婚，这两个选择看来都不怎么好。

我不否认小孩会占据你们太多时间，特别是当他们还小时。我自已有6个小孩，所以很了解情况。这个法则不是要你把时间更多花在另一半身上，这通常不太可能。重要的是，另一半永远是你的第一关注对象，即使你对小孩的责任和付出的时间越来越多。我不是说你应该最爱另一半，因为我相信你的爱足够分给每一个人，而爱另一半和爱小孩是不同的。永远别忽略一个事实，小孩会在家和你生活一段时间（尽管是一段很长的时间），但另一半却是将永远和你在一起。

你可能不怎么喜欢这个法则，但我不在意。这本书不是告诉你事情该怎么样或不该怎么样，而是告诉你实际的情况。有着最稳固及最幸福的婚姻关系的人都会实行这个法则，他们的关系在孩子离家后仍能幸福地维持。

更重要的是，你的孩子也希望你把另一半放在第一位。当他们发现一旦离家就会把你的生活弄得支离破碎，那他们怎么会有信心和力量这么做？家中最年幼的孩子常遇到一个问题，在他的成长过程中父母已逐渐有隔阂，他知道自己是双亲其中之一的生活中最重要的一个人。如果他留下，他会感到束缚；如果他离开，他会感到罪恶。有些父母甚至会说："没有你我该怎么活？"当然，我知道你不会这么做，因为你是个法则实践者。

当然，你的孩子希望踏出家门，走向世界，找到一个彼此相爱、对他来说甚至比你还重要的人，就像现在你和另一半一样。或至少，另一半对你来说曾经比你的父母还重要。如果你单方面执着不愿放手，将令孩子感到为难。别这么做，让他们自由去寻找对象，你也得有一个人陪伴在身旁，这个人就是你的伴侣。

小孩会在家和你生活一段时间（尽管是一段很长的时间），但另一半却是将永远和你在一起。

48 找时间营造浪漫

如果你被工作和孩子弄得分身乏术，想要找点时间浪漫一下都像是种奢求。但这正是这个法则重要的地方，时间越少，你们就越需要浪漫。

如果你放弃维持两人间的浪漫，就无法期待你们的关系再有任何热情或悸动。就像在炉火里添加燃料一般，你需要找到一些方式制造浪漫。在一间气氛迷人的餐厅享用一顿烛光晚餐，送上一束鲜花，听起来多棒。然而，时间和预算的限制可能令你们无法这么做，因此你需要多一点创意。我知道现在你对另一半的了解已足够想出一个好主意，让对方感受浪漫。

如果你们能暂时放下孩子，走出房间，何不到林间散步或公园野餐？何不买份炸鱼和薯条，在城市的角落享受一顿美味？如果你们住在观光区，何不参加一趟观光船之旅，或花个下午在游乐园尽情玩乐？只要你们两人都享受着彼此的陪伴，这些都可以变得非常浪漫。

除了这些可能不常有的离家短期旅行之外，在家也能有许多方式表现浪漫。最简单（也最便宜）的就是在沙发上握住对方的手，在他们耳边轻声说着甜言蜜语。或何不在花园或露台上享用你们的晚餐？准备一顿对方最喜欢的餐点，不必有华丽的装饰摆盘，只要在桌上铺上桌巾，拿出最好的杯子，享受一顿两人的浪漫露天晚餐。

浪漫并不必然牵涉到性，然而，浪漫也可以当作诱惑的前戏。两种效果你都可以好好享受。上述所提的建议都可以有这两种作用。还有很多更挑逗的方式让另一半感受浪漫（当然，不是每次都得以做爱当作结尾）。你们可以在昏黄烛光下为对方按摩；想办法找些花瓣（我不知道你可以到哪里找，这得靠你自己），在浴缸里洒些花瓣，帮对方洗澡。或准备一袋爆米花，选一部最喜欢的浪漫电影，重温青少年时期在电影院后排看电影的光景。或只要早点回家，在床边准备一瓶葡萄酒或一杯热可可，和对方聊天，碰触对方，顺其自然的发展下去。

好了，我说完了，该是你行动的时候。这是给你的家庭作业：每周至少想出一个浪漫的点子，不管这点子要花 30 秒还是一整天，并确实让它发生。

我知道现在你对另一半的了解已足够想出一个好主意，让对方感受浪漫。

49 对婚姻生活充满激情

想想一些已婚的朋友，不是那种新婚的，而是已经结婚数年的夫妇。有几对令你觉得他们对于在一起的生活仍感到热情无比？据我的经验，远比我想象的要少。我认识许多夫妇，孩子出生之后，他们就对两人的生活失去热情。他们开始把对方视为理所当然，把彼此当作一件舒适的家具，一个忍无可忍时的发泄对象，一个无聊沉闷时聊天的对象。

这是不行的。如果你这样对待另一半，你也会得到同样的对待，被当作一件可以消磨多数时间的舒适家具。那些初相遇时的誓言、承诺和决心到哪儿去了？那些不朽的爱、热情和罗曼蒂克到哪儿去了？如果你放弃这些，你可能会像其他人一样，被视为一件老旧舒适的家具。他可是你选择的那个人，那个你无法离开的人，那个你打算用一生热情来爱的人，记得吗?

如果你希望你们的关系能长久，并值得你用心维持，这是你得坚持不放弃的法则。你得保持或重新发现（如果需要的话）你的激情。我不是说对性的激情，虽然这的确帮助很大。我说的是对于这个人及你们婚姻关系的热情。

你该如何做到这一点呢？你如何在一生中保持对这个人的热情?答案是，别遗忘和他们在一起的理由。你的生活目的就是要使他们快乐；把他们放在第一的位置，并把你的生活奉献给他们。如果你这么做，就能不断提醒自已你深爱他们的理由，为何他们的快乐对你来说有这么重要，并以自已能够有机会使他们快乐而感到骄傲。

尽可能抓住每一个机会，或更好的是，自己制造机会来让对方作你的生活重心，并鼓励他们发展在你们初相遇时就显露的迷人特质与性格。在他人面前和他们交谈时，让你的声调及语言显露出对他们的热情。下一次，当你的朋友们好奇哪对夫妇仍然对彼此热情不减时，确保第一个闪过他们脑海的就是你们的名字。

那些初相遇时的誓言、承诺和决心到哪儿去了？那些不朽的爱、热情和罗曼蒂克到哪儿去了？

50　分担家务

在两个人的感情中，你得公平对待另一半，否则你们之间仍尚未达到平衡。如果你爱他们，公平对待他们是表现爱的基本方式。不管你们的背景、教育程度、文化素养如何不同，在生活中，你们必须付出同样的时间与努力来经营你们的生活。

换句话说下班回家后，如果看到另一半正忙着准备晚餐，别翘着脚赖在沙发上等着。每天早上，当另一半起床忙着照料孩子，别只是赖在床上睡觉。你们应该付出同等努力。早晨，当你们俩都起床之后，两人互相合作，把事情忙完后再一起休息。所以，当你进门时看见另一半忙着做菜，自告奋勇地接手来做，或把其他家务打理完毕，或哄孩子上床睡觉，就是别翘着脚等他们忙完可以坐下来跟你说话。

当然，你们不需要把每件事都分给两个人来做，你可以选择你喜欢做的来做。在我们家，我负责所有洗涤，我太太则负责采购，这种分工很适合我们俩。早晨，通常我会先起床，万一当天十分劳累，我就需要一段远离孩子的喘息时间（因为我的暴躁性子）。另一方面，我太太起得较晚，但在我消失的这段时间，她会接手所有工作。傍晚，当她忙着处理一些家务时，我可以稍微放松一下。稍晚，我再把其他家务收尾（遛狗、洗碗盘），这时她就可以直接上床休息。所以，实际上我们不一起做一样的事，工作的分配基本上是公平的，我们感到很快乐，没有人感到被利用或被亏待。

我曾听有些人，大部分都来自男方，他们耐心地解释他们是家中经济支柱，整天都在外辛苦工作，另一半只要待在家带小孩。在外打拼很辛苦，所以每日傍晚或周末让另一半多做点家务才叫公平，毕竟他们在辛苦之后需要更多的休息。

如果这是你一贯的态度，让我告诉你一些事。在我的经历中，曾做过各式各样的工作，包括体力工作及耗尽心神、需创意思考的脑力工作。我曾是家中经济支柱，也曾只能负担家庭的部分支出，更曾尽本分地整天待在家和孩子耗在一起。朋友，我可以告诉你什么是远比想象中还困难棘手的事情，绝不是出外赚钱。

照顾学龄前的孩子一整天，可是我做过最耗费体力和心神的事情。如果你不愿相信我，建议你请几天假试着照顾孩子，看看我有没有骗你。如果不是另一半撑起家务，你就无法全心出外打拼赚钱。所以，试着公平点，和另一半共同分担家务。如果有人需要额外的休息，绝对是那个照顾孩子一整天的人。

不管你们的背景、教育程度、文化素养如何不同，在生活中，你们必须付出同样的时间与努力来经营你们的生活。

51 放心让另一半做

如果你们根据上一法则平均分配工作量，接下来就是放手让另一半去做，相信他们会恰如其分把工作完成。无论日常杂务、照料孩子、赚钱或烹饪，别试着接手、干预或检查另一半的工作，这不但会让另一半感到泄气、不被信赖，坦白说也非常无礼。

所以，即使你认为在使用吸尘器前应该先清除灰尘，也闭上嘴巴，这是他们的工作，让他们以自己的方式处理。不要在意自己烤不好土豆，因为他们负责烹调食物。或许你觉得他们应该在工作上更加把劲，或找个薪水更高的工作，但要怎么经营他们的事业由他们自己决定。

如果他们做某些事的方式长期困扰你，你们可以坐下来好好谈谈你的想法，不管是关于目前工作薪水是否足够支付家庭开销，关于孩子的饮食是否健康，或角落要用吸尘器好好清扫有多么重要等。和另一半讨论时，尊重他们负责的范围，小心、婉转且礼貌地表达出你的想法。如果你强烈不认同他们的做法，可以试着提出愿意代替他们处理这件事的建议，或许由你清扫地板，他们负责打蜡。如果他们同意，别又开始对他们的打蜡方式频频找碴。

我发现夫妇在照顾孩子这件事上，常常有不信任对方的倾向。我必须说通常是做母亲的容易不满另一半。她们常要求另一半照顾孩子，毕竟这也是他的孩子，却又不断批评他照料孩子的方式。“你是说宝宝从 2 点钟到现在都没换过尿布?”“你确定午餐时没有给他们吃炸鱼条?”“出门前你到底在做什么，为什么不给她加件外套?”

如果你要把照顾孩子的任务交给另一半，就让他们全权负责。或许他认为尿布还没湿到该换的地步，不吃炸鱼条也无妨，现在的天气根本不需要外套，否则早就给小孩穿上，他怎么可能蓄意伤害自己的孩子。而且你知道吗？或许他是对的。在我的经验里，父亲和母亲同样有能力把孩子照料得好好的，即使用的方式和孩子的母亲不同。不过为了方便讨论，就说他们是太懒了吧。但你诚实地说，难道你从未因为忘记、太忙或太累而忘记换尿布吗？看吧，被我说中了。

如果你真的认为另一半没有能力把孩子照顾好，你得好好注意这个严重的问题。或许，其实他们做得并不错，只是需要你信任他们，放手让他们去做。

如果你要把任务交给另一半，就让他们全权负责。

52　不要唠叨

最近我看到一些有趣的研究，研究显示如果你不断唠叨要某人做某件事，他们反倒不会去做。对于这个结果我并不感到意外，因为我知道耳边老是有人唠叨不休是什么感觉。

事实上，唠叨毫无意义。即使是爱你的另一半，如果他们不愿意因为爱你而去做某些事，当然也不可能因为你唠叨不休就妥协去做。不断唠叨只会引起对方愤怒，让你们的关系恶化，这对双方都没有好处。

要达到目的，你就得另想办法。也许当你试着不再缠着他们，只要时间许可，他们反而会去做，你只是需要配合他们的时间。又或许你需要和他们坐下来好好沟通他们不愿意做的原因。当然，不需要指责，这只是另一种数落的方式，你得出自于真心表现出想找出问题的诚意。可能是他们太疲倦；可能是他们不知道该怎么做；可能他们认为这是你的工作，不明白为何要他们出马。

也许你得更有创意一点，想办法让他们提起兴趣做这件事。或藏起车钥匙，直到他们把事情解决；或达成善意的交换条件，如果他们不完成工作，那你就不会做某件事。态度和蔼一些，否则你又是在自找麻烦。你可以这么说："我保证不再提起洗碗这件事，只要碗还没洗，我就不会做菜。"以轻松的口吻表达，但坚持说到做到。或许最后他们为了吃饭会开始自己做菜，这样的话可以换你来洗碗，这样也很好。

如果另一半不是成天懒散的人，那他们不愿意做某些事一定有理由，例如不愿在走上地毯前先把靴子脱掉，或懒得修理坏掉的电灯。试着找出问题所在。如果他们就是不喜欢做这些事，你可以提议交换。如果他们愿意做采购或其他工作，你愿意负责所有洗涤工作。

如果你不小心爱上一个怎么叫都叫不动的人，最终可能得接受自己必须多做一些的命运。认命或数落完后自己还只能接受这样的事实，这是你为自己的选择必须付出的代价。如果他们有更多优点来弥补这个缺点，这么做是值得的。如果他们没有的话，那么……你自己看着办吧。

如果你不小心爱上一个怎么叫都叫不动的人，最终可能得接受自己必须多做一些的命运。

53　确保你们是为爱而性

你可能已经注意到，本书中没有太多关于性的法则。并非性不重要，无可讳言的，在亲密关系中性也是重要的一部分。然而，在两人交往中，性没有那么多法则，也不必然跟爱有关。或许，你们花在性爱的时间，与花在洗碗、购物、看电视或睡觉的时间一样多。即使如此，这里讲述的仍不是所谓性爱技巧的相应法则。

然而，有个关于性的重要法则仍可被归纳在这里。事实上，并不是单指性爱，包含牵手、亲吻、调情及其他和另一半亲密的身体接触，不管多小的动作都适用。

当你爱一个人时，性爱不只是一个释放性欲的捷径，更是表达爱意的一种方式。当然，性爱对你来说有解放欲望的作用，但你的初衷是通过最亲密、最私人及最开放的方式，来向另一半表达你的爱。也就是说，在过程中你必须记着以温柔、尊重、体贴及关爱的方式来对待另一半。

另一半有权得到你的尊重，他们的隐私、禁忌及生理需求也得被纳入考虑。当然，他们也必须同等对待你。不管你们是在沙发上互相爱抚或在野外狂放地做爱。

我不是建议你对性采取保守态度。恰恰相反，一旦你们了解、爱慕及信任对方，如果你们愿意的话，这是个令你们实验创意及感受刺激的绝佳机会。但重要的是，必须在双方都乐意这么做的情况下。别对另一半施加压力，迫使他们做任何不舒服或困难的事情，这一点也不体贴和尊重。

另一半认可你，允许你成为唯一可以和他们如此亲近的人，这是一件值得骄傲的事。如果你仔细想想，这是多么大的心意，一件必须好好珍视的礼物。当然，你也是这么献出你的心意，也令他们感到骄傲。所以，以尊重的方式对待彼此，别让做爱变成单调的例行公事，这是毋庸置疑的法则。如果另一半给予你这个光荣，全心全意投入性爱过程来回报他们，在过程中要全神贯注，体贴入微。

性爱，可以是狂放也可以是是温柔的，在特别的时刻，也可以两者并存。在出于双方意欲之下，你们可以撕开对方的衣服，来场狂野热情的性爱，也可以通过摇晃的吊灯尽情嬉戏，但仍要温柔的地体贴对方的感受。

当你爱一个人时，性爱不只是一个释放性欲的捷径，更是表达爱意的一种方式。

54 别控制对方

在过度保护和恃强凌弱之间有细微的区别。我知道有些人常毫不客气地欺压另一半。有些人采取激烈的方式，另一些人不张扬却毫不留情。他们固执己见地要另一半照特定方式做事，利用喜怒无常的脾气、氛围和不合作的态度迫使他们顺从。

我认识一个男人，他坚持厨房里的餐桌必须时时保持光亮洁净，而他的太太从前就习惯偶尔在桌上摆放东西，毕竟桌子就是用来放东西的。但他坚持除了餐具和碗盘之外，桌上不能有任何东西，没有任何妥协空间，太太也不能提出反对意见。如果这只是单一事件，那也许这只是丈夫一个不怎么讨人喜欢的怪癖罢了。不幸的是，这是他们生活中数不清的类似状况中的其中之一。他不但对自己的生活环境有控制欲，这也许是他应有的权利，但他对太太也停止不了掌控的欲望。当局者迷，但他的确是个恃强凌弱的霸凌者。

我还有一个朋友，她有过一段痛苦的童年。她毕业后和一个男生交往几年，状态仍旧不佳。男方照顾和保护她，还给予她极多的帮助，希望她能回到生活的正轨。好不容易她能够正常自立时，男方仍企图提供帮助，不断告诉她什么该做、什么不该做。当他觉得女方做了错误决定时，就用强硬的态度迫使她改变决定。换句话说，他正在控制她的一举一动。然而，他并不这么认为，仍坚持自己这么做都是为了她好，而我相信他也是出于真心的。即使他只是过度保护，无意恃强凌弱；但在女方的角度看来，结果并没有什么不同。

到头来，这两对夫妇都劳燕分飞了。促使他们分开的根本原因就是过度的控制欲。企图掌控另一半的人，无法拥有和谐的夫妻关系。所有事都由你来决定的话，另一半的自信心和自尊都将逐渐削弱。如果你爱他们，就不能这么做。

对于天生就有控制癖的人来说，这个原则特别难拿捏。因为我就跟这样一个人一起生活着，所以我很清楚。然而，她只有欲望掌握自己的生活和身旁的事物，并不会刻意想去控制其他人。在这方面，她还是偶尔需要一点小提醒（当然是以幽默的方式，见法则41），这是个可以处理控制癖的好方式。收拾你的书桌，将东西以你喜欢的方式摆放整齐，这无伤大雅，但如果你要求另一半也跟着这么做就免了。我知道这很难做到，但你要给予他们足够的尊重，相信他们有能力经营自己的生活。

所有事都由你来决定的话，另一半的自信心和自尊都将逐渐削弱。

55 听出另一半的弦外之音

为什么我们总要拐弯抹角呢？为什么不直接表达我们的观点，向对方解释清楚呢？这很令我费解，如果我们都不拐弯抹角，生活不是容易多了吗？但我们却常常绕着圈子说话，避开真正的重点，跳过一些我们觉得可能听起来很愚蠢、小气、难为情的想法，或可能使对方受伤、不快的话。

有时，另一半和你说话时也会欲言又止。可能和你闲聊即将到来但你们却决定不参加的派对，试探你的反应。事实上，他们正因为心底一些真正的想法感到踌躇和烦忧。你问他们为何不开心，他们会说其实还蛮想去参加派对的，但最后还是改变了主意，用这样的说法搪塞。其实，真正令他们不开心的原因是，以为你似乎不再想跟他们一起出门了。

这是一个有趣的游戏，因为你甚至不会意识到自己身在游戏之中。等到你察觉，游戏早已开始。其中当然会有线索，否则就不是个好玩的游戏了。虽然，线索总是很隐蔽，例如，另一半会用漫不经心的态度向你诉说某件事，但语调却异常的严肃；眼神的交流不如平常自然；或被一些你不知道有什么好不开心的事情激怒。这个游戏的制胜要诀，就是你要认出这些征兆，意识到游戏已经开始。然后你得对这些线索进行拆解分析，弄清楚事情的真相。

这么说听起来好像有些不着边际，那是因为你得让整个对话听起来都是轻松自然的，至少是以轻松的方式开始。一旦你发觉有不对劲的线索，就要把事情的真相弄清楚；另一半可能正在担忧、烦闷、痛苦或需要你听听他们真正要说的话。他们可能因为工作上的事情或和家人间的相处感到烦心，只是怕你觉得他们反应过度或太愚蠢，所以不敢一吐为快。但你知道，如果他们感到不开心或烦忧，这就表示你必须认真对待。

一旦你发现有些事情不对劲，追根究底通常并不太难。你需要的技巧是观察这些线索，学着辨识另一半言语的弦外之音，知道你的伴侣什么时候欲言又止，什么时候是有潜在的问题或焦虑想和你谈。

另外，一旦使另一半敞开胸怀准备畅谈，你得保证仔细聆听，不妄加评判。这样，下一次他们才能感到安心且更自信地与你开诚布公。不管你是否深有同感，认真看待他们的感受，让他们知道你真心对待他们的感受，这会让他们感到更加快乐。

这是一个有趣的游戏，因为你甚至不会意识到自己身在游戏之中。

56　大多数争执都是因为小事？

一旦双方关系稳定下来共同生活，也许你会惊讶两人经常为琐碎小事争论不休。对某些事情，你们总是反复起争执，到底是什么导致你们一再争吵？好吧，让我告诉你，常常是那种你觉得上次争吵时明明已经解决的事情，下一次还是会再度发生。其实，你们争论的是完全不同的东西，但你们谁都没意识到这一点。

这个法则可能令你联想到上一个法则，实际上，前者的确是后者的延伸。为了弄清楚你们真正的争执点，你必须好好地运用法则 55，听出对方真正的弦外之音。

我举个例子，你就能领会这个法则的含义。许多夫妇常常为了谁该洗碗闹意见，过度计较谁上星期五做过，谁因为周末必须洗更多碗，或星期二谁明明因为工作晚到家却还是得拖着疲惫身躯洗碗。老实说，不过是清洁碗盘这件事，谁做的真的有这么重要吗？难道你对另一半的爱，足以让你对谁这星期洗了比较多的碗盘这件事感到小题大做吗？

事情可没有那么简单，真正的问题是你们其中一人感觉被视为理所当然，觉得因为自己脾气好而被欺负。这可不是一个爱你的人该做的事，当然，你是对的。如果想找出争执的根源，这才是你们该讨论的。你们讨论时可以为这件事情取个代码，像“洗碗事件”，来提醒双方在关系中付出平衡的努力。或者，你可以直接动手清洗，趁这机会和对方谈谈真正的问题。不管用什么方法都没关系，只要双方都能了解问题的核心所在。

一旦你发现自己为同样的一件事不断和对方争执，可能你有些潜在的问题得处理一下，否则直到你找出真正的症结点前，同样的争吵会不停地重复。假设你们其中一人因为买了对方觉得没必要的东西而导致不愉快，原因可能是对方担心这会影响到日常开销；也可能他们对于另一半花钱较多感到不平衡；又或许他们认为这些钱可以花在令双方都受益的物品上。你得找出这次造成不愉快的真正心结，不要被因为浪费才让对方不愉快的单纯想法给蒙骗，特别是当同样的情形一再发生的时候就要注意了。

你觉得上次争吵时明明已经解决的事情，下一次还是再度发生。其实，你以为的症结点却不是导致你们争执的真正原因。

57　尊重对方隐私

你感到另一半有某些事情瞒着你吗？这么说吧，那是他们的权利。你把你的一切毫无保留地告诉对方吗？有没有一些是你宁愿保密的事情？当然有，我们都有些不想被人知的小秘密，一些难为情、令你不自在、羞于人知的隐私。另一半当然也一样。

你真的不信任他们吗？这样就麻烦了。不过这麻烦可不是因为他们对你隐瞒，而是双方是否信任的问题。如果是这样的话，最好回头阅读法则 13 和 46。

你特别信任对方吗？这很好，那么你的问题是什么？听着，另一半应该有保留隐私的权利，你也是。尽管他们爱你且愿意和你共度此生，也不代表他们必须放弃保留隐私的权利。如果他们想一些独处时光、独自梳洗的空间、与朋友间私密对话或经过深思熟虑后才和你讨论某些事情，这都是他们的权利。事实上，他们甚至不用告诉你任何理由。

即使是你的人生伴侣，你也没有权利责难他们。别试图花言巧语、威逼利诱、施加压力、伺机窥探或情感勒索。应该让他们保有一些自己的空间。

我认识一对夫妇，妻子曾经常常秘密和朋友聚会，刻意回避丈夫鬼鬼祟祟讲电话。丈夫受不了这种情况，于是他们开始大吵。他心情越来越差，她则变得越来越神秘，他们的不和似乎越演越烈。当事情变得日趋严重时，他的生日到来，一个惊喜的庆祝派对正等着他。是的，原来这是她一直保持神秘的理由。她花了不少时间准备，好不容易日子到来，我可以告诉你，她却已受够丈夫给她的责难与怒气，心里后悔早知道这样她就不这么做了。

我不是说当另一半神神秘秘时，一定是在为你准备一个惊喜派对，尽管我们可以这么期待。我是说，如果另一半希望保有隐私，一定有他们的理由，别让这成为你们关系中的威胁。事实上，以这对夫妇来看，要不是因为丈夫的过度反应，妻子所做的这些反而使他们的关系更加融洽。你唯一需要担心的是，万一你无法信任对方，这样的话，我们又回到开头所讨论的问题了。

尽管他们爱你，也不代表他们必须放弃保留隐私的权力。

58 对待另一半胜过最好的朋友

这个法则其实有些矛盾，你发现了吗？如果你拥有了一份美好的感情，另一半就已经是你最好的朋友，要如何对他们比对最好的朋友（他们本身）更好？为了避免无谓的争论，这么说吧，你应该对另一半比你第二要好的朋友还要好。

如果你最好的朋友不小心把饮料洒了一桌，你会轻易原谅他们，甚至很有可能一笑置之。如果这发生在你的另一半身上，你也会有同样反应吗？我希望如此，不仅如此，我真的希望你认为自己早已这么做了，没必要再读这个法则而直接跳到下一法则。如果你是个法则实践者，你应该早就这么做了，如此的话，我得称赞你做得好。然而，不幸地，我还是不得不将这个法则列在这里，因为我知道太多人没有用更好的方式对待另一半。

为什么你选择跟这个人在一起？因为你觉得他们是世界上最棒的人，除了他们，你不愿意浪费时间在其他人身上。那么，为什么你不以这种心意来对待他们？我想不通为什么有人对另一半说话粗鲁无礼，忽略基本礼仪，连“请”跟“谢谢”都省略。

我说的不是偶尔的疏忽。虽然没有任何借口可以为无礼这件事开脱，但当结束难熬的一天后，我们难免会不小心说出一些不经大脑的唐突言语，绝不是故意要伤害人。这里指的是平常和另一半互动时就缺乏耐心、毫不体贴或傲慢无礼的人。

我认识一对夫妇，女方就常常对另一半无礼。丈夫是个讨人喜欢的人，但她总是亏待他。我记得有一次，他们到我们家度周末，她总是说；“我的包包你到底拿了没？给我一杯茶！快点！这么晚了，我累得要死，快点睡觉，不然等一下你上床会吵到我。”我知道她要收敛一下她的无礼态度，因为她一直这种个性，她丈夫一点都不好受。至于现在，不用说，他们已经分开了。

这个法则提醒你，尊重另一半，善待他们。当他们对某件事的观点和你不同，以和善的态度去了解，给予他们怀疑或提出异议的机会，别用对立的态度看待他们。对于失误或意外试着一笑置之。当你发现自己变得容易在某些事上生另一半的气时，试着想：“如果是朋友的话，这件事我会怎么反应?”如果答案是：“我会一笑置之或根本不提。”那你就知道该怎么对待另一半了。

当结束难熬的一天后，我们难免会不小心说出一些不经大脑的唐突言语，绝不是故意要伤害人。

59　如果另一半需要自己的空间不必感到生气

某种程度而言，我们都是喜欢交际的动物，但每个人程度不一。有些人喜欢群体生活，有些人则喜欢和另一半腻在一起。就喜好社交程度而言，你和另一半完全相同的机会微乎其微。

总有些时候，另一半想从你身旁消失，去逛街、玩铁路模型、种种花草、读读书、整理邮票或去冲浪。这不代表他们不想跟你在一起，只是他们需要一些个人时间。有些人需要这样的个人空间，如果你不愿意给予，他们会感到受人束缚。

或许他们每隔一段时间就需要一些空间。或当情况很糟、忧心、忙碌或疲倦时，他们特别想独处。这些可能和你毫无关系，毕竟，这是他们的事情，是他们生活的一种方式。

我认识一个小伙子，他每天晚上要花三四个小时玩电子游戏，你可能会想他的另一半肯定气炸了。然而，事实上，他的妻子却说这正好给她一点时间做自己想做的事，或只是独处也好。这样的相处模式并不适合我，但这无所谓，因为我不必和他们其中任何一人共同生活，适合他们就好。许多人坦诚当心爱的另一半心怀愧疚地溜去打高尔夫球、打网球、钓鱼或做其他事情时，其实他们感到欣喜若狂，因为这段时间是属于自己的特别时间。

你的另一半甚至可能喜欢和别人一起做某些事情。别紧张，即使是这样一定也有很好的理由。如果他们喜爱搜集火车模型或热衷于园艺，但你并没有这样的兴趣，只能跟上跟下地问一些很无趣的问题（轨距是什么规格？为什么你不把这株植物剪短一点？）听起来就不怎么有意思。我希望你们仍有共同参与及相互分享的时间，他们也很乐意告诉你所有细节。当他们需要全心地投入在他们的模型、植栽或任何事物里，他们会希望和了解一切细节的人一起做。再一次强调，这不是你的问题，他们只是将自己沉浸于休闲爱好当中罢了。

如果另一半一天需要花几个小时独处，而这件事情你真的无法适应，你们得针对这件事好好谈一下。对大部分人来说，当另一半花几小时做事情时，自己找点乐子倒不是什么大问题。真正的问题是无谓的烦恼：另一半是否不想再和我们在一起。所以掌握最重要的重点，问题不在你，换作别人，他们仍会这么做。

有些人需要个人空间，如果你不愿意给予，他们会感到受到束缚。

60　上次送礼物给另一半是什么时候?

人人都知道女人喜欢收到鲜花和巧克力，这是男人对一个女人表达爱意的经典礼物。然而，重要的倒不是鲜花和巧克力本身，尽管这些礼物的确赏心悦目，令人感动的是向对方表现爱意的这个举动。这代表另一半很爱她和关心她，让他想用一些礼物来表达。

而反过来，男人似乎很少收到这种礼物。为什么男人无缘享受这些贴心的小举动呢?我们也喜欢鲜花和巧克力，我们喜欢任何表现你们心思与爱意的小东西。

让我们不要拘泥在鲜花或巧克力上，即使不是生日或其他特别时刻，给另一半一个小礼物来表现爱意是一件值得做的好事。其实，在平常更要这么做，在没必要时这么做更能显示出它的珍贵，就当作是一个免费的意外惊喜吧。

你甚至不需要花钱。假如你知道另一半喜欢什么花（你不知道！为什么？现在试着去找出来），每年当这种花生长时，你可以摘下你看见的第一朵送给对方。想想看，每年收到心爱的人送的当季第一朵雪花莲、风铃草或洋地黄，是多么令人感到甜蜜。或者，你可以帮另一半画幅画，帮他们烤个平日专属的蛋糕，或在枕头上留一张卡片。

你看，你可以为另一半做这么多事。重要的是表现出你时刻想着他们，让他们知道你对他们的爱使他们不需任何理由就能得到礼物，因为你爱他们就是最好的理由。

你上一次送礼物给你的伴侣是什么时候呢？生日、圣诞节、情人节或结婚纪念日可不能算在内。上一次在平常日子无预警地送他们的礼物是什么呢？如果在一周内你曾这么做，做得好，我希望他们享受着你的用心。如果在一个月里你曾这么做，也不错，但难道你的爱不足以使这更常发生吗？把目标设定约每周一次，虽然有时可能有些变动。然而，要小心，如果这变成了习以为常的习惯，就失去了它的价值。每周当你去加油时，在加油站随便买的一束粗糙的康乃馨可不会为你加分多少。如果距离上次你这么做已经超过 1 个月，你今天可得想出一些好主意，快快，放下书本马上行动。如果已超过 3 个月，我替你感到不好意思，直到你实践这个法则后，再继续读下面的法则。

你上一次送礼物给你的伴侣是什么时候呢？

61　保持经济独立

我知道很多人会对这个法则都有异议。请记住，本书的法则不是我认为你应该怎么做，而是关于经营幸福关系的有效方法。我曾看过很多夫妇为了钱而争吵，最终很多也因此分离，但我从未看过彼此经济独立的夫妇发生这种事。我只是告诉你我观察到的情形。

你们真的没有必要共用金钱，这不会有任何帮助。有一个常见的做法是夫妇开一个共同账户，各拿出一笔钱，支付两人的共同消费，像是孩子的衣、食、住、行、账单或贷款。一开始你们必须对每人出多少达成共识，如果其中一人收入较多或电话用得多，双方各负担一半可能不是最公平的做法。

但这些只是技术上的细节。假设双方都有收入，你俩就应该按照协议共同支付两人的消费。另外，也许你想存一点零用钱在存钱罐里，用来支付非必要的奢侈花费，像是度假等。除此之外，你的钱属于自己。所以，即使另一半想把他们所有存款都挥霍在你看来一文不值的事物上，那也是他们的事，并不会影响到你。毕竟这个月的账单已经付了，而且那是他们的钱。你也可以规划自己的金钱如何消费，存起来、合理投资，甚至把所有钱花在你想吃的甜点上。看到了吧？没有什么好吵的。

不用问，这样的方式在双方收入不平衡，或只有一人挣钱的状况下仍行得通。广义来说，如果双方收入有着相当差距，依照比例来支付消费是最好的安排。假设你们俩其中一人的收入是另一人的两倍，那就比另一人多负担 1/3。或者，你们也可以两人各负担一半，但收入较高的一方就支付出外晚餐或度假的费用。细节你们可以自己商量。

如果其中一人在家负责处理家务和带孩子，因此没有额外收入。那么有收入的一方在付完账单及其他费用后，也要给他们一些零用钱（我个人建议是余额的一半）。这不是什么大方的施舍或恩惠，而是在家的另一半对家庭的贡献所应得的合理报偿。一人主外、一人主内，以工作的所得换来一顿美味的晚餐、一间干净的房子和几个可爱的孩子。如果不是在家里的人尽心尽力的打理，出外工作的那个人也不能安心工作。所以，这是你们共同努力得到的收入，要根据合理的原则分配它。只要协议达成，你们可以把各自的所得存在自己的户头里。

即使另一半想把他们所有的存款都挥霍在你看来一文不值的事物上，那也是他们的事。

62　满足是最高的目标

第一次坠入爱河的感觉你还记得吗？两腿发软、心跳加速、脑子里除了爱容不下其他事情，感觉很棒，对吧？另一方面，这也会让你们陷入情感的纠结中，让所有事情都变了，不管从工作到日常饮食等，一切都变得截然不同。

有些人沉迷于这种感觉，在“恋爱”中他们才能感到生气蓬勃。然而，两人的关系不可能永远停留在那样的状态。迟早你会变得对于这段关系感到游刃有余，确信不用再为另一半举棋不定、心烦意乱或发愁。同时，因为习惯于两人的相处，接到电话时不再雀跃万分。如果你对“恋爱”感到上瘾，你就得一直抛弃固定伴侣，不停寻找刺激新鲜的恋爱对象。

你也许会好奇，为什么我老是把“恋爱”加上引号。这有两个理由，首先，有这种感觉并不代表你真的坠入爱河，你可能被性欲或迷恋给蒙骗，而不是真正的爱。另一个理由则是我不想误导你，即使你对现任另一半没有这种感觉，并不代表你不爱他。

有很多理由都能说明，为什么这种高涨的情绪状态无法持续到永久。这样的状态下你会持续的紧张和兴奋，无法正常生活。过一阵子，随着关系稳定，你将不再感到紧张或如初识一般兴奋。当然，你们还是可以一起做某些好玩的事情，但你们的关系本身将变得稳定如日常例行公事，但愿是往好的方面改变。

当你们度过了彻夜辗转难眠，满脑充斥对方身影的阶段后，你们会变成怎么样？当然，情况因人而异。对某些人来说，他们的感情的确所剩无几，不值得拥有。但对于幸运、懂得选择又能掌握法则的人来说，如果两人关系进展良好，最终你们俩都会得到幸福的满足感。

满足感并非来自一闪而逝的激情、使双腿无力的兴奋感及无法自制的怦然心动。许多人被这些起伏巨大的情绪冲昏头脑，因而无法了解满足感比短暂的激情更有价值，其中蕴含的情感更加细腻。和某人在一起感到满足并不代表你不再“恋爱”了，反而代表你的爱真挚深切，是不需要任何引号注明的爱的最佳状态。

所以，别沉醉于寻找初次“恋爱”带给你的快感。集中精力确保你们能遵循法则。当最初的悸动慢慢消逝，它会被更值得、友好、温暖、坚定及美妙的感情取代。当这一切发生时，别计算你失去的，享受你获得的。这就是幸福的满足感，它带给你们的应该不仅是欢喜。

满足感并非来自一闪而逝的激情、使双腿无力的兴奋感及无法自制的怦然心动。

63　慷慨对待另一半

你们俩要共同面对生活，当对方有困难时，你会设法帮他们解决麻烦，当所爱的人遇上麻烦时我们该挺身而出。当对方遇上麻烦时，你给予支持、付出时间、耗费精力、体贴关心，不用说你们同床共枕、同在一个屋檐下、共度假期、共同用餐、共同处理家务、孕育下一代，然而，谈到金钱时却壁垒分明，井水不犯河水。这是不对的，我想金钱也必须包含在你们共享的一切当中。

我不知道为什么有许多人没这么做？他们将生活中的其他方面大方分享，却把裤带勒得紧紧的，对另一半一毛不拔。现在，听着，如果你的钱比另一半多，你必须多付一些账单，慷慨一些。实际上任何东西都要多负担。就这么简单。

不要斤斤计较到底花了多少，没有人对你在另一半身上花多少感兴趣，所以别浪费时间了。别念念不忘当他们收入比较高时，在你身上花了多少，或计算你把多少钱用在他们身上，没人在乎这个，这无关紧要，钱财乃是身外之物。是的，我们该建立一个观念，多余的钱财要大方分享，毕竟，跟你们的幸福相比，钱就显得微不足道了。如果你不这么认为，或许你该像隐士一样生活，整天独自烦恼投资盈亏，夜夜蜷曲在你舒适的床上枕着用钞票做成的枕头入睡。

我不是说你不该有积蓄、养老金，也不是说你得拿出积蓄让另一半满足赌瘾。我们说的是你剩余的闲钱。如果你剩余的钱比另一半多，你大可以支付电影票钱、出外用餐或度假的花费，送他们一直很想要却负担不起的东西。或给他们 10 英镑，在周末他们的工资进账之前，帮助他们渡过难关。

当你阅读法则 97 时（先不要往下翻），我还没说完我要说的。法则 97 说除非你准备好一笔勾销，否则你不该借钱给朋友。然而，如果对象是你的另一半，除非数目很大，否则你不该借钱给他们。如果数目很小，与其借，不如慷慨给予，他们值得你这么做，不是吗？事实上，难道他们不值得你付出更多吗？

如果数目大到你无法做到无偿赠与，你就得仔细考虑如果他们无力偿还时可能发生的状况。你会就此一笔勾销？还是会对你们的关系造成不可挽回的伤害？要是这可能对你们的关系造成损伤，我建议除非对方保证一定偿还，否则不要随意借给对方。虽然理想的做法是，你还是得准备将这笔钱一笔勾销。只要记得什么才是真正重要的，是你爱的人还是你手上的钱？

毕竟，跟你们的幸福相比，钱就显得微不足道了。

64　为生活现状负责

清晨醒来你的感觉如何？我希望是开心、充满活力准备好面对令人期待的一天。对于你们的关系你的感觉又如何呢？我想应该是幸福的，既然你们仍维持着关系，仍共同生活在一起。如果你感到不快乐，你随时可以离开，一走了之。

我知道这么做名声可能会不太好听，况且你可能在意孩子的感受，找不到可以去的地方，或担心父母可能会担心。然而，这些都不是能阻止你离开的理由。或许这些理由让你选择留下来，既然如此，这就是你所做的选择。

每一天，你都对这段关系的去留做了选择。当出现问题时，你选择置之不理或忽略无法修补的裂痕仍然选择留下来。你不管另一半的缺点，逃避自己的不安和错误，坚持要和这个人过下去。

既然这样，别埋怨自己的选择，这是我要说的重点。快乐地享受现在或选择离开，但别欺骗自己别无选择，然后怨天尤人。要是你这么做，等于放弃自己的人生，要明白你得为自己的现状负责任。如果你满意现状，可以给自己一个大大的赞美，这是你该得的；如果你对现状不甚满意，能够改变的也只有你自己；如果你选择保持原状，那就怨不得别人了。

我有一个朋友，老是喜欢跟我说我有多幸运，可以和深爱的女人共同生活，有个不用加班的好工作，所以有时间陪孩子。我不断尝试解释，告诉他这不单是运气。我用心选择了一个好伴侣，并努力工作建立自己的事业，使我能有足够收入维持生活和足够时间陪孩子。因为这些对我来说是很重要的事情，所以我不能听天由命。我不是自夸自己是个完美的人，当然我也犯过很多错误，但我这个朋友总喜欢拿这两件我做得较好的事比较，因为这正是他目前苦恼的两件事。

问题在于，这位朋友并不明白其中的道理，他责怪另一半，觉得他们的关系平凡无趣；责怪他的工作，认为工作剥夺了他和孩子的相处时间。如果他认同自己的人生由自己掌握这个观念，他就得承认是自己造成了这样的生活现状。把所有不幸归咎于他人、命运或坏运气总是很简单。听起来真令人难过，在他明白是自己选择了容忍导致生活现状至此之前，问题永远不会消失，他和另一半的关系也不会改善。一旦我们接受了生活由自己选择这个观念，不管我们选择享受现在，或决定抛开不幸奔向令人期待的新方向，我们都会感到自由和无比释然。

把所有不幸归咎于他人、命运或坏运气总是很简单。

65　甘愿做、甘愿受

我们很容易为了博取同情而自我牺牲，不是吗？我知道，如果没有随时控制自己，我可能也会把自己变成一个可怕的殉难烈士。可以堂而皇之地义愤填膺实在令人感到满足。然而，这里有个问题。

如果要当烈士，就不能被人发现，即使是因为你的牺牲而受惠的另一半也不行。如果被人发现你正在默默无怨地受苦，这可不算数。但这样就不好玩了，是吧？没人目击的牺牲还有什么意思。

那为什么不能让任何人发现呢？我来告诉你。如果你让别人发现你的自我牺牲，那你就不是真正的烈士了，对吧？受难者总是静静地忍受苦难，毫无怨言，要是你真的这么做了，应该没有人能够注意到。所以，你还是发出了一些噪音，略有微词来表达你的立场，是吧？这可不是一个真正的烈士会做的，他们不会说：“好吧，我做晚餐就是了，反正前晚跟昨晚都是我做的，不差今晚。”一个真正的烈士会表现出甜蜜的微笑，以优雅的姿态完成晚餐。要是你觉得自己好像吃亏或被理所当然地使唤，这有什么好玩的？我曾听到别人说："好吧，我牺牲就是了。”不不不，一个真正的烈士根本不会这么说。

所以，当你刻意把脚步声放响走进厨房说：“好好好，我来做饭，又是我来做了。”这种妥协可不是真正的牺牲。因为多做了一顿饭，你本来可以加一分，不过因为你小气抱怨，一分就这么丢了。你看吧，这样的态度分明就会导致争吵发生，而不能化解矛盾。

觉得自己被牺牲与生气的情绪有关，通常是生气的情绪被扩大后而产生这种感觉。法则实践者不做这样的事情。好吧，有时候会不小心失误，但我们尽力不犯这种错误（是的，即使我们还蛮享受牺牲的快感）。如果不小心发生了这种情形，我们会感到十分抱歉。殉难及生气的情绪容易创造一种压抑的氛围，并导致争吵，这样做一点也不聪明，也不成熟。

更好的做法是，把晚餐时间延迟一会儿，和另一半理性对谈，像个大人一样地向他解释你不开心的原因，这样他才能以相同的理性方式回应你。最好直捣核心，把你的问题开诚布公，或许它完全合理，不需要你用自我牺牲的方式，两人就可以共同找出合理的解决方法。看吧，这样不是比假装自己是个壮烈的受难者要好得多吗?

如果你让别人发现你的自我牺牲，那你就不是真正的烈士了。

66　不要恶语相向——必须有人做到这一点

恶语相向与关系变糟，哪个是因，哪个是果？充满爱意的玩笑（对方会心领神会）是一回事，而恶化的关系中往往会出现一方或双方毫不留情地恶语相向的情况，这又是另一回事了。究竟是恶语相向使得事情变糟，还是事情变糟后就会出现恶语相向的结果？

实际上，这并不重要。重要的是必须要停下来。也许你们能够解决所有的其他问题，但是如果你们不停止恶语相向，你们的关系就仍然不会改进。你们仍然会互相伤害，双方都不会从对方身上感受到爱意、珍惜、扶持和关心。这真令人伤心，而且毫无必要。

我知道，你这么做是因为对方在这么做。你知道吗？对方这么做是因为你在这么做。继续这么做下去有许许多多的原因、借口、理由，这些都是可以理解的，但是它们都不会让你快乐。

必须要有人来打破这个模式。这个人就是你。为什么是你？因为你会按照本书的法则来做事，所以这是你的责任。只要闭上嘴就好。当你想要冷嘲热讽、为了小事批评对方、说出尖酸刻薄的话时，一定要抵制住诱惑，绝不要说出口。告诉自己，这不是你想要的关系，你不愿意参与其中。

一开始会比较困难，但是这种行为会形成习惯。一旦你养成习惯，不把自己的刻薄想法说出口，你就不会那么强烈地受到负面情绪的影响。过一阵子，你的伴侣就会发现只有他们自己在玩这个游戏。如果你理性地与他们交谈，幸运的话，你就会鼓励他们将他们自己的刻薄话也憋在肚子里。即使他们只是偶尔能够控制住自己，全家为了小事而闹得不开心的情况也会大幅减少。这绝对是件好事。当双方都看到改进时，你们就有了继续努力的动力。

如果你们的关系出现了根本性的大问题，当然你们需要谈谈。你会发现如果没有恶语相向和负面情绪从中作梗，一切都变得容易得多。如果你开口责骂，你会觉得当时很痛快，但是从长远来看，这会让你感觉糟糕透顶。

理想的情况是，你们不但要停止恶语相向，而且还要把这些负面的话语转变成积极的、赞美的、欣赏的话语。那感觉会有多棒！

一开始会比较困难，但是这种行为会形成习惯。

67　生活上不需事事同步

我们每个人都是不同的个体。如果你的另一半像你的克隆，那不是非常奇怪吗？更别提这似乎让人有点担心。因为他们和你是不同的个体，自然需要与你不同的运作法则，这里的法则不是指书上列出的各项法则，及一些我在书中未提的却被人们广为接受的法则（不可伤害彼此、不可谋杀彼此的亲人、不可使用暴力），而是日复一日的日常生活中运作的规律或模式。你们不必连这都同步。

那才公平。毕竟如果因为一人的偏好，强迫对方采取不适合的方式生活，这才不公平。假设你们其中一人有恐高症，当然，他们就不该负责爬到屋顶整修屋瓦或在摇晃的梯子上爬上爬下到阁楼拿东西。但愿你们之间已有这种不言而喻的默契。

现在假设你俩都不恐高，但你会因为另一半没有准时到家感到忧虑，想着是不是发生什么可怕的事情？会不会是恐怖的车祸？难道是炸弹爆炸？这样的忧虑其实情有可原。因此你们应该有默契，如果有事耽搁了，应打电话告知，另一半就不必无谓担心了。

如果双方对这项法则没有共识，可能会有些麻烦。另一半说："我不知道为什么一定非得打电话跟你交代，我又没有要求你跟我交代什么。"这种态度是有问题的。这个法则的重点在于让另一半感到被爱、被关心、被重视，如果他们需要一个电话来免除忧虑，我不明白你打个电话有什么好抱怨的？

同样，这个法则也适用于其他状况。也许你们其中一人喜欢用特定的杯子喝水，但另一人无所谓；也许你们其中一人生活起居随性脏乱，但另一人却整洁自律（你们可以规划属于个人的区域）；也许你们其中一人讨厌独自参加社交活动，但另一个人却能对局面掌控自如；也许你们其中一人起床时总是一团混乱，从未早起帮另一半准备一杯茶或咖啡，但另一人却每天早上为另一半捧上一杯热饮。

一旦实行这个法则，你们俩不但都能感受到对方的爱与关怀，也会发现虽然有些生活上的分配看起来不太公平（例如总是同一个人先早起），但整体来说仍可以力求平衡（也许不早起的那一人晚上负责收拾整理)。即使你可能觉得每日工作分配不均，但长期下来自然会达到平衡。况且，最重要的不是两人之间公平与否，而是让另一半感到满足和快乐。

这个原则的重点在于让另一半感到被爱、被关心、被重视。

68 如果他们更在意，就按照他们的方式去做好了

我在第 51 条法则中提到要相信自己的伴侣能够按照他们自己的方式做事，不要去干扰、唠叨、批评。我仍然这么认为。但是，有些事情你们中的一方会比另一方更加在意。如果能使他们开心，为什么不按照他们的方式去做呢？毕竟，对你来说他们的快乐才是最重要的，不是吗？

我有个朋友，他喜欢每次将尽可能多的盘子堆放进洗碗机里，而且，他不喜欢别人指责他“做错了”。他固执地认为将盘子放进洗碗机并不存在错误的方式，任何想要告诉他这样做不对的人都是在吹毛求疵，他对此非常敏感。我碰巧知道他的伴侣不喜欢将洗碗机塞得太满，但是她刻意不去对他提起，因为她清楚他会感到她是在挑衅——即使她的真实意图是确保盘子都能洗净。

不过，这可不是给你一个借口，使你可以跑去跟伴侣说“我读了坦普勒先生的书，他说你得按照我的方式把盘子堆放进洗碗机，因为我不喜欢你一次放进太多盘子”。不，不是这样。这根本不是我的意图。这是为你制定的规则，而不是给你伴侣制定的规则。我只是说，我注意到两个人中如果至少一方（最好双方都是如此）能够尊重对方在某一问题上更强烈的偏好，事情就会变得更加和谐、更加充满爱意、更加友善。你们会更幸福。

如果你强迫自己的伴侣迁就自己，那么你就完全曲解了这条法则。这是欺负人，不会让你们的关系更加融洽。你需要做的是，出于体贴和关心，让你的伴侣按照自己的方式行事。这无关公平与对错。这是爱的表示。同样，这一点很重要，所以注意——如果你是在为了正当的理由去做一件事，那么这件事就会让你自我感觉良好，同时也会减轻你的伴侣的压力。

回来再说说那位尽管心怀不满也甘愿忍受伴侣随意令洗碗机超载的朋友，她是否感到自己在做出牺牲？是否有挫折感？实际上并没有。她深爱自己的伴侣，她愿意为他做出让步，即使这意味着要重新清洗一些盘子。而且，她告诉我，这种感觉要比按照她的方式使用洗碗机的感觉要好得多。而他甚至不知道她在为他做出让步。

当然，有些情况下你会让伴侣了解你在做出让步，在按照他们的方式做事，我希望他们也能同样地对待你们。这会让双方都感到愉快，你们的争吵也会减少。

这是为你制定的规则，而不是给你伴侣制定的规则。

69　站在对方的角度看问题

你可能自认为非常了解你的伴侣，毕竟你大部分时间都跟他们在一起，和他们共享生活中意义重大的时刻，互诉自身的状况及感受。是的，你可能比任何人都要了解他们，但别因为这样你就能完全了解他们。

想想那些你没告诉另一半的想法、观点及感受。或许有些思绪一闪即逝无关紧要；或许有些想法让你觉得有些难为情；或许有些回忆久远到你无法记清；或许有些念头你自己也弄不清楚从何而起；甚至，或许有些秘密你不愿意让他们知情（但愿不要是太严重的那种）。

事实上，有很多关于你的事情是另一半不知道的。反之亦然，另一半的事情你也不会完全知悉。可能这些事情你毫不知情，或你虽知情但却不了解事情的重要性、牵连度或长远影响，所以你不能想当然地以为自己什么都知道。除了一个事实，他们是你花最多时间相处的人，还是你认识的人当中最棒的。

这意味着，当另一半感到烦恼、挫折、受伤、紧张或焦虑时，你不能用自己的标准评判他们，你得试着从他们的角度看事情。无论你们是否正在争吵或你觉得他们对某件事大惊小怪，你真的必须设身处地为他们着想。根据你对他们的了解，你应该可以找出导致他们某些想法或情绪的罪魁祸首，即使面对同样情景，你可能会有不同的反应。

我发现人们很容易自以为了解另一半，设想他们的反应方式会符合你的预期，如果没有，你就感到受伤、沮丧或挫折。你以为他们会抓紧机会，趁去意大利度假时借住朋友家，你不懂他们到底在反对什么？你以为他们看得出来你迫切需要用车，可问题出在哪里呢？你以为他们会喜欢一个惊喜派对，不懂他们为什么对你发飙？

另一半不是在无的放矢，随便发脾气拿你寻开心，他们也不想感到压力、烦恼，也不想和你争吵。他们看来莫名的情绪或无预期的举止肯定有它的原因，你必须仔细想想，看穿他们面具下的伪装，理解他们的处境。

一旦你学会以他们的立场看事情，你会发现每件事突然豁然开朗，你的痛恨和沮丧也会被同情和理解取代。这样解决问题远比其他方式都要好很多。

他们看来莫名的情绪或无预期的举止肯定有它的原因，你必须仔细想想，看穿他们面具下的伪装，理解他们的处境。

70　姻亲也是你的一部分

如果够幸运的话，你会有快乐的姻亲，和他们之间相处得非常融洽。我就很幸运，我的姻亲他们都和我成为非常亲近的朋友。然而，这样的好事并不常见。相反的，那些姻亲在相处中至少偶尔会对你施加压力，令你感到沮丧。况且，不只岳父、岳母或公公、婆婆，还有那些大姨子、大舅子或小叔、小姑等大家庭中的成员。

如同你自己的家庭，姻亲成员不是你能选择的。唯一不同的是，你无法轻易向另一半表露想法，虽然和自己家庭成员也时有争执，但对姻亲成员没有如对自己家庭成员一样有与生俱来的感情。当然，或许有些人跟自己家庭的情感联系也不深，这样的情况下，你可以选择与自己家庭成员切断联络（这通常不是一个普遍采取的做法，但有时候却是必需的手段）。然而，对姻亲的家庭成员却没办法这么做，你完全无法避免和他们的接触。

关键是你也无法选择退出。他们是另一半生活中重要的成员，不管另一半是否重视他们，都需要你一起参与其中。不管是参加家庭庆祝活动或解决家庭纷争，你都必须在另一半身边给予必要的支持或协助。

即便你极度讨厌你的姻亲，也不能避而不见，在另一半的生活当中缺席对他们十分不公平。如果和姻亲相处对你来说真的很辛苦，我了解这种可能，你必须想出策略渡过难关。这样吧，你和另一半分头收集那些和姻亲相处的压力时刻，再和对方分享，看谁收集到的最多，如何？看谁能收集到更多大姨子或小姑们的利嘴毒舌，大舅子或小叔们的傲慢无礼。看谁能目击较多岳母或婆婆戏剧化的精彩表演，忍受较多岳父或公公自以为万事通的干涉。

不要忘了你的另一半也有姻亲，是的，他们也得面对你的家人，就像你得和他的家人相处一样。尽量帮另一半清除和家人相处的路上可能遇到的障碍。永远不要和你的家人一同对付你的另一半，在任何情况下，永远维护另一半。假设背地里你认为家人的意见是对的，你可以和另一半私下讨论。然而，不论是非对错，你得保护另一半不被家人批评或施加压力。

对许多夫妇来说，和姻亲的相处需要技巧。两人关系中，当双方都认识到与姻亲相处无可避免，仅能投身其中，以全副精神来处理这个挑战时，夫妇双方和姻亲之间的相处才能达到最和谐的状态。

永远不要和你的家人一同对付你的另一半，在任何情况下，永远维护另一半。

71　保持对话

如果彼此不交谈，怎么才能知道对方的想法和感受？说话是人类表达想法和感受的方式，你得清楚了解另一半脑袋里的念头，否则你怎么能持续理解他们？如何能使他们快乐？

当遇到困难或心情不好时，我们需要通过说话来排解。不管咨询任何一个婚姻专家，他们都会告诉你，如果两人之间没有良好沟通，这段关系就没有多大希望。所以，一旦你察觉到问题，不论大小，都得和另一半好好沟通。别挑衅或发脾气，别对另一半说教，指使他们应该怎么想或有什么感受，这是他们的事，只要让他们知道你的想法及感受就好。

这条法则涉及的不只是重大事件，生活中的小细节也得比照办理。你必须知道另一半今天做了什么事，他们是怎么想的？对于明天即将到来的面试、会议或其他社交事件，他们感觉如何？对于今天的报纸头条或新闻报道，他们的意见如何？你们必须有规律地沟通，好让自己跟对方保持亲近和紧密。

有时候，你只想自己静一静，冷静地思考。然而，你必须确保每天都有足够的时间和另一半说话及听他们说话。这其实很棒，因为他们是这么的迷人。即使今天的话题你不感兴趣，你仍然可以对另一半在意的事物有多一些了解，他们生活的目标是什么？什么事情让他们生气、开心、兴奋或失意？

当然，你必须有所回馈。如果你希望另一半持续爱你，就给他们一些持续下去的动力，让他们持续了解你。我们每天都通过思想和感受丰富生活，你必须把你的内在思绪传达给另一半，好让他们可以抓得住你，知道怎么令你开心，真正了解他们爱的是一个什么样的人。

但这不是说你可以说些无聊的琐事使另一半感到烦闷。如果你知道他们对于板球的规定细则或购物的行程清单不感兴趣，别硬聊这些。和另一半聊天时，尽量讲些他们感兴趣、觉得好玩有意思的话题，生动的叙述、告知、解释。未来的好多年，另一半都将听你说话，所以，让这些对话有意思。这个法则可不是教你喋喋不休、胡说八道或说话不经大脑，谈话的质与量要并重。既然身为另一半最好的朋友，想办法做到当他们觉得需要找人倾诉时，第一个想到的是你。

和另一半聊天时，尽量讲些他们感兴趣、觉得好玩有意思的话题，生动的叙述、告知、解释。

第三部分
分手篇！

有时不尝试，就不会知道这个人是否就是你的真命天子。而一旦试过之后，结果也可能显示这并不是你想要的感情。或许几个星期之内就能发现，或许需要几年时间，也有可能过了几十年，最终才领悟到这场婚姻并不适合你。也许那时的分手使孩子可能被无辜牵连。

如果你不得不面临这样的情况，无论你是不是主导两人分开的那个人，结束这段感情有很多不同的方式。我们可能都曾见过身旁的人经历这种最棘手、最不愉快的分离，万一牵扯到孩子时就更不幸，但法则实践者并不愿意这么做。

明明心里沉痛欲绝，却还是得表现挥洒自如，这可不容易做到。这里有几个原则能够帮助你，像你希望自己能够表现得从容得体。如果你能遵循原则把事情处理好，不但能让自己和孩子（如果你有的话）尽快恢复过来，还能问心无愧。

如果你拥有一场美好且充满幸福的婚姻，或许你仍想阅读这部分。未来，如果你的朋友遇到这些状况，你能够帮助他们渡过难关。或者你也可以直接跳过这部分，好好享受属于你们的幸福生活。

72　倾听内心的声音

当人们回首那些黯然结束的关系时，你是否常常听到他们说：“你知道吗，其实在她忘记我们十五周年的结婚纪念日时，我就觉得我们要结束了。”“现在回想，当他决定接受那个我苦苦哀求他放弃的工作时，那可能就是导致我们之间关系破裂的开端。”

但那些当时已发现关系开始转坏并这么告诉你的人，可能仍苟延残喘着延续他们的婚姻达数月或数年之久。执着于一段注定失败的婚姻关系是白费力气，和另一半一起把婚姻的坟墓越挖越深，他们得花更大力气爬上洞口重见天日。如果当时他们有先见之明，就可以省下后面的痛苦挣扎。

其实，我们几乎都有预知的能力，只是我们没有意识到罢了。在你的内心，有一个微弱的声音告诉你这段关系行不通，只是你不愿意倾听。如果你调整心态接收那个声音，当时机到了它会告诉你。我的意思不是说当你一听到内心质疑的声音时，就该尽快离开。当然，有时候你必须做些努力，然后还是可以重新获得一段美好的婚姻。只要你仔细聆听内心深处，你会知道什么时候一段婚姻已经无法挽回。

那么，为什么你不愿早点听从内心的想法？好吧，在这段关系中，无论情感或者物质，你都投资了很多；你不愿意当个失败者；可能你不愿意伤害孩子；或许你害怕独自一人生活（如果是这个情况，请阅读法则 3）。还有，习惯令人怠惰、害怕改变。

但是，一旦你知道事情再也行不通的话，就该离开。拖延只会让事情变得更糟。有些我认识的人希望他们的父母早点分开就好了。如果你能平和地维持两人关系，为了孩子在一起才有意义，否则，早点克服分开的痛苦，反而可能对孩子更好。如果你们还没有孩子，那么为什么要在这场错误里胶着呢？担心旁人的闲言闲语？担心母亲对你的担心？或者可能担心你将无处栖身或身无分文？

你要忍耐怎样的不幸，要过得多悲惨都是自己的选择。或许你宁愿要一段不幸的婚姻，过着上无片瓦的生活，也不愿意一个人走上人生的正轨。我要说的只是你必须倾听自己，一旦你知道事情无法好转，最好尽快脱离这段关系，这比计算你的亏损还重要。否则，你的一再拖延将牵累身边的人，使他们不幸。

拖延只会让事情变得更糟。

73 双方都要为分开负责

没有一次分手不是因为双方面的原因。若事情发展到必须分离的一步，必定是由双方共同造成的结果。我自己经历过一次离婚，虽然花了一段时间才愿意承认，但现在我能坦然接受，让婚姻恶化至无法挽救的境地，我们双方都难辞其咎。

通常，我们以为导致两人分开的最大原因，可能是其中一方做了令对方无法忍受的事。也许他们有外遇、对婚姻不负责任，或做了某些行为令对方无法和他继续相处。其实，每当我看到这些情况发生时，通常有个起因，而这起因通常是由双方造成的。

并不是说当你们关系出现问题之后，你就可以理直气壮地对另一半不忠。我们应该永远举止磊落，分手时双方态度的恶劣，这更多的是由一方的举止所造成。根本而言，在理想的婚姻关系中，优秀的人不会欺瞒另一半。所以，肯定从一开始就有不对劲的地方。

有时候，可能是选错了另一半。或许你已经倾尽全力来维系这段感情，但你的另一半却是个花花公子，或是个把工作看得比家庭还重的工作狂。或许另一半就是不适合你，你也不是他对的人。但你们必须对自己的选择负起责任。这也是为什么本书第一部分的诸多法则如此重要，这些法则或许可以拯救你，让你不会选错伴侣，遗憾终生。

然而，大多数情况是，口口声声说自己在破碎婚姻中是受害者的人，通常把另一半视作理所当然，或百般挑剔、百般冷淡，或把全部心力放在孩子身上导致两人间的裂痕，或管另一半管得死死的，或阻挠他们的梦想。或许，理论上这些也无法替另一半的离开提供正当理由。但处处受牵制的人通常会故意做些引爆冲突的行为来脱离这一段关系，一些他们知道会有作用的行为。

接受分离是两个人共同造成的后果（即使只有你自己承认也好）很重要。因为这将使你们两人更平和地分手，或至少不那么痛苦。如果你没有认清自己需要改进的地方，那再一次陷入爱河之时，很可能会犯同样的错误：可能会选错伴侣，或可能当关系稳定下来，重蹈覆辙。

让婚姻恶化至无法挽救的境地，我们双方都难辞其咎。

74 理性分手

正所谓知易行难，我很清楚实行这个法则并不容易。但我知道可以做到，学习转换立场，把自己从一个有特定行为模式的人转变成举止不同的另一种人。听着，无论事情多棘手，你永远不能：

- 想着报复；
- 举止恶劣；
- 气急败坏；
- 伤害他人；
- 失去理性；
- 鲁莽冲动；
- 寻衅滋事。

这是该遵循的底线。你必须一直保持高尚的品德。不管激怒你的原因是什么，你必须表现得磊落、得体、善良、宽容及恰到好处(不管是在哪一方面)。无论他们如何挑衅你，无论他们对你多不公平、无论他们的行为多惹人厌，你都不会选择以牙还牙。你会持续保持得当行为、有教养及维持无可挑剔的道德水准，你的举止将无懈可击，你的言词温和且有尊严。不管他们说什么或做什么，都不能使你偏离这条底线。

是的，我知道有时这很困难。当前伴侣做了骇人听闻的事，你却必须抬高下巴，不让自己出言不逊，这真的很难很难。当有人对你做了糟糕的事，想报复、想猛烈回击是再自然不过的本能；但千万不要这么做。最艰难的时刻过去后，你会以自己维持了高尚的品德为荣，而那胜过千万次的报复。

我知道报复他人相当有诱惑力，但你不会这么做。现在不会，以后也不会。如果你这么做，就沦落到和他们同一层次了。你将与野兽为伍，天使不再围绕；你将贬低自己，使自己变得粗鄙，你将后悔自己的所作所为。最后，如果你这么做，就不能称为法则实践者。报复是输家的作为，选择并维持高尚品德是唯一可行之路。这不代表你不堪一击或软弱无能，反而证明你是一个更好的人，你的所有行为都是光明磊落且有尊严的。

最艰难的时刻过去后，你会以自己维持了高尚的品德为荣，而那胜过千万次的报复。

75　过去的就让它过去

我有一个朋友，20 年前她丈夫就抛下她跟孩子，和另一个女人在一起。到现在，她还没有原谅他，仍沉浸在痛苦当中，几乎毁掉了自己的生活。顺便说一下，对照法则 74，她依然坚信自己是个无辜的受害者。

而这些仇恨和痛苦到底伤害了谁？当然不会是男方。除了为了孩子而有必要的接触之外，他和她几乎没有联络。而孩子现在都已长大成人，他也和第二任妻子过着快乐的生活。这些仇恨和痛苦伤害的只有她自己，不但生活一团糟，而且依旧单身。多年以来，她不愿放手开始新生活，寻找下一段更美满的婚姻。

当然，她也伤害了孩子。在分开的头两三年，许多离婚的夫妇都难以自持。但大部分我认识的夫妇，为了孩子，渡过了尴尬期后就变得十分友好，尽管私底下他们可能不这么觉得。当孩子经历人生的重要阶段，如结婚等需要双亲在场的时刻，他们可以不用担心父母碰头之后可能产生的后果。然而，这不可能发生在我开头提到的朋友的孩子身上。事实上，他们在她面前甚至不能谈及他们的父亲。

你得走出来，继续生活，为了你好，也为了大家好，甚至也为了你的朋友好。他们可能乐意听你诉苦几个月，但不会愿意听你长年累月的抱怨。该把那些痛苦冻结在过去，你只有一辈子，好好活在现在。从错误中吸取教训后，就对伤痛释怀吧。

如果你纵容自己沉溺于消极的情绪中，自怨自艾，你会把自己变成一个消极的人和一个受害者。法则实践者不这么做。当然，我们需要时间治疗伤痛，但我们会让自己站起来，拍拍身上的灰尘，提醒自己重新享受生活。

我不在乎另一半曾如何亏待你，不管你认为自己表现得无可挑剔也好，一切都归咎于对方也好。这些都已过去，与现在无关。只要继续往前走，我们将会有个美好的生活，一个让我们和身旁的人都感到快乐的生活，这时你根本没有时间去耿耿于怀那些不再重要的过去。

从错误中吸取教训后，就对伤痛释怀吧。

76　不要牵扯孩子

说得明白一点就是，不管在任何情况下，把孩子卷入你们两人的分手或承担你们分手的后果，对孩子绝对是不公平的。他们将要经历一段可怕的创伤，你不能再来增加负担，利用他们来让自己好过。他们是这场痛苦中唯一完全无辜的一方，不该再承受哪怕一丁点的额外压力。

这到底是什么意思？有哪些事情是你不该做但却很容易犯的？首先，别把孩子当作让另一半难受的手段。别试着限制他们接触孩子来打击对方，或明明有空，却要手段阻挠对方探视孩子。

别因为另一半不喜欢，就故意允许你的孩子去做某些事（看一些不符合年龄的电影，或在马路中间骑脚踏车）。孩子会知道你这么做的原因，虽然他们可能会觉得赚到，但同时却也会感到不舒服。他们到底要不要告诉父母的任何一方？该不该觉得有罪恶感？不，他们不该承受这些，一开始就不该让他们陷入这个境地。我不在乎在你眼中，他们的爸爸或妈妈是不是过度保护孩子，因为这不是重点。重点是别让孩子承担这个责任。

其次，你也不该在孩子面前说些有损你前夫或前妻的话，连不明显的暗示或低声喃喃自语都不行。你的孩子并不笨，他们会知道你在做什么。或许你恨你的前夫或前妻，但那是你孩子唯一的爸爸或妈妈，孩子可能深爱着他或她。即便孩子对他或她没有感情，要是你能帮助孩子用爱取代恨，那么孩子会过得快乐一些。所以，别说些不怀好意的话来暗中破坏孩子和他或她的感情，如：“我实在想不通为什么你妈会准许你们做这些。”或“别期待运动日你爸会出现，他一定会让你失望的。”

说到这里，你或许想向我指出你的前夫或前妻早就做过这些事不知多少次了。但我不在乎。就如前面所提，不管在任何情况下，把孩子卷入都是不公平的。这样的情况也不例外。如果你的孩子的双亲中已有一个爱要小手段，他们不需要另一个也加入战局。我知道，当你的前夫或前妻在误导孩子时，忍耐而默不作声几乎不可能，但加入这场混乱只会让事情更糟，不仅危害到你，也伤害到孩子。我知道这不会是你想要的结果。

我认识一些把这样的难题处理得很好的人，所以，这是可以做得到的。来自离婚家庭的孩子都很感激把他们放在首位的双亲。孩子是你的第一位，如果你能做到这点，就可以抬头挺胸地走出离婚阴霾，真正以自己为荣。

或许你恨你的前大或前妻，但那是你孩子唯一的爸爸或妈妈，孩子可能深爱着他或她。

第四部分
家庭篇

现在，我们已经讨论过许多关于寻找真爱、维持亲密关系以及和谐分手等重要法则。如果事情进展顺利，另一半将成为你生命中最重要的人，即使在孩子长大成人离家后，他依然是你在世上最深爱的人。

当然，一生只爱一个人似乎会失去很多乐趣，对大多数人来说也不容易做到。你需要爱很多人，这是本书后半部分要讨论的，这部分我们先从家人谈起。大部分人都深爱着家人，但有时我们却觉得和他们难以相处。或许因为他们是我们无法摆脱的责任，才让我们感到疲倦。你可以随时不做某人的朋友，但你却无法不当他们的兄弟、侄女、姥姥、孙子或媳妇。

这里的一些基本法则可以帮助你更轻易地爱你的家人，不管你的家庭是亲密无间，还是关系微妙或充满仇恨。

77　别怪罪父母

年幼时，我们都以为父母们知道如何做好他们的工作。除非他们真的表现得一团糟，否则我们做梦也不会想到他们也许并不知道该怎么照顾孩子。等我们长大一点，可能注意到朋友的父母好像跟自己的父母有些不同，或许我们感到羡慕，或许我们觉得自己幸运，或者两者皆有。当我们再大一点，可能恍然大悟，明白父母其实并不完美。

这是我的亲身经历。在年幼时，我就明白父亲完全有悖常态，他甚至不曾在我身边与我相处。不久，我发现母亲对于扮演母亲这个角色也同样无药可救，她常常不知道怎样应对我们，也很难表现出对我们的爱意。

就我这种情况而言，得勇敢面对他们就已经够困难了，我可以花一生埋怨双亲带给我的痛苦，或者抛弃过去往前走。我选择理解母亲生来就不是做母亲的那块料，像她这样的人，要做6个孩子的单亲妈妈的确是个艰巨的任务。假设我现在转换工作，去管理一支足球队、从事石油钻井工作或管好一个有30个麻烦学生的班级，我同样也会表现得很糟。我们都有些不擅长的事情，或许我母亲太迟才意识到她无法胜任母亲的角色。

所以，我选择原谅她，尽力过好自己的生活。这将我从痛苦和纠结中拯救了出来，也让我把这些伤害在心里转化成正面的力量。如果你真的认为某人把你人生头20年毁了，唯一的合理补救措施就是，确保他们不会再把你接下来的50年给搞砸。

有趣的是，通常是有着完美双亲的人无法停止埋怨父母的种种不是。如果你的父母基本上称职，不知怎么的，我们反而很容易抱怨他们没有做到尽善尽美。但为什么他们就得事事完美不可？何况，我们怎么能要求一个人在18年间不犯任何错误？

你的父母也只是人，在某些事情上，他们的做法有可能使你感到不开心或给你带来麻烦。在毫无经验及事前训练的情况下从事一个工作18年，这些状况总是会发生。有些事情可能真的做不好，但他们也已尽力而为，无力改变事情的发展。你可以出点力，可以选择停止责怪他们、原谅他们。其实，有什么需要原谅？他们不是故意把事情搞砸，只是犯了一些错误罢了。

用责备父母的方式来纠正错误已然太迟。然而，放手还来得及。适当体会他们的心意，清除残留在自己身上的伤害。

我们怎么能要求一个人在 18 年间不犯任何错误？

78　不要受制于父母

在我们的成长过程中，我们变得逐渐在意父母的想法。不然为何我们会照着他们所说的去做？进入青春期，我们可能会叛逆，和父母唱反调，但内心深处还是希望得到他们的爱与认同。

童年习惯的养成根植于你的思维模式之中，长大之后，要改变那些根深蒂固的想法谈何容易。即使你已经四十五岁，身为一间公司经理，当母亲批评你，或父亲不认可你的成就之时，也许你仍会感到自己就像个渺小可悲的失败者。

我有一个朋友，他几近疯狂地爱上一个很棒的女人，但却犹豫着不知是否该娶进门。他的朋友都不能理解这么棒的女人为什么不抓紧把握机会？是他本身的问题，因为他母亲不怎么喜欢这个对象。天哪，这么微不足道的事情怎么能变成阻碍幸福的绊脚石呢？但对他来说，这并不是一件小事，他已经习惯将母亲的感受比自己的感受看得还要重要。

如果你有着充满爱心，通情达理的父母，这样的问题可能只是暂时的问题。但如果你的父母不支持你、固执己见或不表态，因而造成你的忧虑不安。那么，你该怎么办？

要摆脱自己需要父母认可的习惯是一个漫长的过程。一开始，你可以由减少在他们身旁的时间着手。当然不要用激进的方式，逐渐减少一些联络会降低问题的难度。同时，不断告诉自己你过得很好，他们的意见对你来说无关紧要。虽然这看起来像个无意义的行为，正面思考的力量却不容小觑。不久，这些正面力量将逐渐渗入你的潜意识当中。

许多问题的产生，就在于你被灌输了父母说的都是对的。尽管在某个层面上，你很清楚这不正确，但心里很大程度上会认为父母的意见值得参考。好吧，也许在某些事情上，父母的意见的确有参考价值，但不包含你如何生活这件事，特别是那些负面意见。听着，就像我母亲，有些人真的不擅长做父母。如果你的父母尝试干涉你的生活，那么显然他们就和我母亲雷同。或许不是在每一方面都不擅长做父母，但至少在这一方面不甚合格。他们除了接受并赞同你选择的生活之外，并不能多加干涉。如果无法做到，好吧，他们可能真的不是很擅长做父母。这是他们的问题，不是你的。认识到这点对你会是很大的帮助。

有时候，尝试去理解为什么父母在做父母的角色上有些困难，也可能有所助益。是不是祖父母没有给予他们应得的支持和关爱？尽管这不算借口，随着时间的推移，也许可以帮助你不把他们的认可看得那么重要。阅读法则88，可能对你会有所帮助，使你和父母在一起时，表现得更像一个45岁的公司老总。

再补充两句。为人父母的你，当孩子长大成人，请把你的不满或负面感受留给自己。你可能无法想象当听到你说："太棒了，你做得很好！"你的孩子会有多么的如释重负，不管他们是4岁、5岁，还是45岁。

进入青春期，我们可能会叛逆，和父母唱反调，但内心深处还是希望得到他们的爱与认同。

79 孩子先于自己

最近几年，我注意到一个莫名的潮流，父母把自己的享受看得比孩子还重要。我所谓的孩子指的是那些未满 18 岁，还住在家里的孩子。这个潮流还相应产生了一个糟糕的流行语："我的时间"。可别让我发现你也随波逐流。

事实上，当你决定孕育下一代（无论是计划中或意外）时，所必须承担的义务中有一部分即是把你的孩子放在首位。你不仅必须信守义务直至最小的孩子成年，也得把你的爱好、工作、休闲时间或其他都放在第二位。

下面是个典型的例子，也是令我最担忧的事情。孩子都期待出去度假，可以和父母一起玩。尤其日常时间被学校、工作或其他事情填满，度假的时光是获得父母全部注意力的最好时机。然而，有些父母会怎么做呢？他们选择一间有专人照料小孩的饭店，这样，他们才能做自己想做的事。如果孩子不排斥，一个早上可能没什么，但可别将整个假期的多数时间都把孩子交给别人照料。我知道照顾孩子常令人精疲力尽，但这就是为人父母的天职。当你选择为人父母，就得承担这些责任。

我不是说你甚至不能好好放松一个晚上，当然可以。我也不是说你得成为孩子的奴隶，这对孩子和你也都没有好处。孩子必须学习体贴，但他们也需要知道在你的生活中他们是永远的第一位。所以，如果你们得工作或需要工作，这很正常；但至少父母中有一方得找个方便照料孩子的工作，而不是选择一份令人羡慕却长时间无法和孩子相处的工作要好。

如果你把自己看得比孩子还重，不仅无法给予孩子他们应得的爱，你也教会他们，生活中最重要的就是只顾自己，自私比其他任何事都重要。相信我，这种人生哲学不会给他们带来幸福。

知道吗？我所认识的尽责父母，他们甚至不需要所谓的“我的时间”。因为对于他们而言，和孩子相处的时间才是最珍贵的。将自己放在第一位，花时间“找寻自我”不能让他们感到快乐。如果找寻自我要牺牲孩子，他们更不会快乐。还有，你知道吗？那些被孩子占据大部分时间的父母，那些把孩子看得比自己还重的父母，是我见过最快乐的父母。

我知道照顾孩子常令人精疲力尽，但这就是为人父母的天职。

80　亲人要和睦相处

我母亲和外婆已经有 15 年不曾和对方交谈。有些家庭是这样的，和家人间的关系很紧张，手足互不交谈，堂兄弟姐妹或表兄弟姐妹从不联络，甚至连他们的住处都不知道。

这种家庭传统会世代相传。因为我们总是在上行下效，如果你在一个长期和亲戚不和的家庭中长大，通常会变成惯例。也就是说，一旦你拒绝和父亲或母亲交谈，你的某一个孩子也可能在 20 年间不和你交谈。我们自己向孩子做了这个幼稚行为的身教。尽管如此，还是有些人会这么做。

同时，这也是一种耻辱行为。我们宁愿断绝与家人之间的关系，也不愿意解决问题，这不仅有些可悲，更别提当我们需要他们陪伴时，身边却没有一人，没有父母、手足、表兄弟姐妹。

良好的家庭关系是世上最强而有力的后盾。当遭逢厄运时，只有家人最可靠，能比其他人更无怨无悔地陪你渡过难关。虽然不是每个人都如此好运拥有这么好的家人，然而最好的情况就是这样。无论你身受重伤、离婚、失业、丧偶、房子被收回、官司缠身、有个令人头痛的孩子、吸毒、酗酒，或遇到其他人生中可能遇到的困境，尽管家人可能不认同你的某些际遇，他们仍将忠诚地作为你的后盾，永远支持你，直到你能自己站起来为止。

这可比什么都重要。值得你宽容和原谅。坦白说，不管什么原因激怒你，使你不愿意跟他们交谈，如果你希望家人在重要的时刻陪伴身旁，你也得这么对他们。这也意味着原谅家人偶尔造成的挫折或不快，以德报怨。要认识到，如果现在家人都不互相交谈，那么当你陷入困境，他们便会在危急之际离你而去。

不管你的姐姐做了什么、你的叔叔说了什么，或女婿怎么想，都不值得你和家人的关系破裂。当然，你可以礼貌地与他们疏远几个星期，直到你不再感到愤怒为止。但别和他们断了联系。如果你和他们切断联系，你将失去一个充满爱的家庭。虽然在这个家庭中，可能时有争吵口角，只要家人关系稳固，就能在你需要时做你最坚强的后盾。

尽管家人可能不认同你的某些际遇，他们仍将忠诚地作为你的后盾，永远支持你，直到你能自己站起来为止。

81　不管亲人怎么对你，以你认为对的方式对待他们

生活总有些事情令你感到特别的伤痛。当你爱的人或你以为应该无条件爱你的人不如你所想的那般付出，让你失望，这撕裂般的痛楚令人不敢领教。如果你的家庭成员中，有人偏袒他人、自以为是、心存偏见，或对你不尊重、不理解，这真的令人十分苦恼。

如果面临这种状况，你该怎么办呢？这的确是个难题。当你受伤时，你的本能（如动物一样）会使你为保护自己而猛然出击，或躲藏至洞穴中，花很长的时间来抚平伤口。

但你是个法则实践者，不是动物，所以，你不会像动物般那样反应。不管有多困难，你也得找到维持自己道德水准的法则，并且坚持自己所相信的。

是的，我知道父母有时真的很离谱。但也请记得，因为是家人，

我们常常根据过去的经验，把事情过度解释成冲着自己而来。如果你的朋友在最后一刻爽约，你可能会有些生气，但很快就能抛诸脑后。然而，如果是你的母亲或父亲在最后一刻出尔反尔，可能让你回想起他们错过你的毕业典礼，一有其他事情就推迟你的聚会，或总是以为你无所谓而让你失望，你发现自己对这些气愤不已，这些情绪是你内心深处某些想法的投射。

让我们假设一下，如果你的确反应过度，但你依然觉得家人占你便宜、让你失望、忽视你、使你觉得渺小或不把你当回事。

对于这些不快，我们常禁不住要以其人之道，还治其人之身。为了报复他们，我们也让他们失望，占他们便宜，用同样恶毒的言论批评他们。

然而，如果你这么做，只是制造了一个恶性循环，只会带来更多的争吵及不快。法则实践者不这么做。他们也不会销声匿迹，找个洞穴躲起来，和外界切断一切联系图个清静。实际上，唯一可接受的处理方式就是把自己置身事外，展现气度，以对待朋友的方式来处理亲人间的不快。换句话说，就是多理解、同情及多一些宽容。

这样的处理方式不仅能让自己保持道德上的正直及荣誉感，也是打破恶性循环，磨合家人关系的唯一方式。是的，家人有时很难相处，但他们毕竟是你的亲人。若朋友让你失望，你可以结交新朋友，但你永远不能找到新的家人。

所以，己所不欲勿施于人，以你觉得对的方式对待他们。不然，你的家人也会回你以相同的对待方式，你将失去立场抱怨他们的失当。所以，你要当那个以身作则的人，为他们树立良好的典范，向他们展现克服这些不快的气度。

以对待朋友的方式来处理亲人间的不快。

82　不要对亲人施加压力

前面两条法则讲的是家人行为不当时，该如何处理。身为家庭里的一分子，或许，你也有表现不尽理想的时候。这个法则是为了维护家里的其他成员的利益而提出的，我希望其他成员也能够身体力行。

有时，我们对待家人的方式连自己都不曾也不会拿来对待其他人的。难怪会激怒他们，造成家人关系紧张。如果朋友要求你在进屋前先脱掉鞋子，你会二话不说地照做。但如果换成家人要求，我们很可能会这么回应："不要把房子当个宝。"或"不用啦，我鞋子干净得很。"看吧，这一点都不公平，你的母亲、兄弟或其他任何人当然会感到不悦。他们的朋友对这要求都没什么意见，别因为你是家庭的一分子，就以为自己可以任性地提出异议。

这只是件小事，家庭成员在大事上也会互相施压。父母在带孙子的方式上对孩子施压，如："你不该让他们看这么多电视。""孩子需要多一点管教。"或"你应该快点成家。"我希望你不曾对朋友的孩子这么啰嗦，那么，为什么你要对自己的孩子唠叨不休？这会让你的孩子更痛苦，尽管他们对自己要如何生活早有自己的想法，却得背负着不想让你失望的压力。他们该有对自己人生做主的权利。

兄弟姐妹之间也会给彼此压力。事实上，手足之间的压力可能是最严重的。即使都已长大成人，兄弟姐妹仍会互相竞争来吸引父母的注意。身为父母的你要牢记在心，你要百分之百地确定，孩子从小到大，都得到同样公平的对待。

这种互相施加压力的游戏中，叔叔阿姨、公公婆婆、祖父祖母也会参加。然而，不管是谁施加压力都不好。这不仅不合理、不公平，也会让家庭成员有太多情感负担。你知道，他们不想破坏和你之间的关系，但也不会乐意悉听尊便。

最近我有个朋友心情低落，她姐姐的家人周末来他家，希望他们能约两个小朋友来当她两个孩子的玩伴。我朋友感到不情愿，空间本来已很拥挤，完全无法想象如果两天当中四个孩子在其间喧闹及制造混乱，家里会变成什么局面。她向姐姐解释苦衷，姐姐却发怒回她说这样孩子太委屈了，毕竟孩子都不介意拥挤，那她到底在阻挡什么?我朋友只好愤愤地宣示：这是她的房子，而且她是负责这次招待的主人。我能够理解她的心情，毕竟，如果身为朋友听到这样的苦衷，他们也会对自己的要求再三考虑，并能够优雅大度地接受拒绝。

那么，为什么我们会这么做呢？或许是你以为既然同为一家人，有点特权也不为过。或者你以为既然同为一家人没什么好计较的。不管理由是什么，我们需要家人尊重我们，而这首先要从自己做起。

别因为你是家庭的一分子，就以为自己可以任性地提出异议。

83　不要因为自己能给家庭过多压力就这样做

本书有几条法则是关于家人做事不周全该如何应对的方法。但是你也是家庭的一员，有时也许你自己也并不完美。所以这条法则是对全家都有益的，我希望他们也能遵守。

导致家庭矛盾的一个原因是有时我们会用绝对不会用在其他人身上的态度去对待家庭成员，他们理所当然会感到生气。如果你的朋友要求你进门之前脱鞋，你就会照做。如果是家人要求你，你很有可能会回答："你为什么要这么爱惜房子"或者"没事，我的鞋子很干净"。这是完全不公平的，如果你的母亲、兄弟或其他家人感到生气，那是理所当然的。他们的朋友不会推三阻四，所以就因为你能这么做，你就毫不客气，这是不公平的。

这是件很小的事，而在大事上家人也会互相施压。父母会对自己的成年子女在养育儿女方面施加压力："你不应该让他们看那么久电视"或者"这孩子得管教管教了"或者"你该赶紧生孩子了"。我想你不会对自己朋友的孩子说这些话，那么为什么你就可以对自己的孩子这样说呢？这对你的孩子而言更加尖刻，因为他们不愿令你失望，但是对于自己如何生活又有着自己的想法——而这是他们应有的权力。

兄弟姐妹也会互相施压。实际上，来自兄弟姐妹的压力是最大的，即使成年之后他们也会互相竞争，获得父母的关注。爸爸妈妈们注意了——你们一定要像孩子小时候一样，尽可能公平地对待成年子女。

七大姑八大姨、公婆、岳父母、祖父母也会施加压力。无论是谁都不行。这既不合理，也不公平，还会让全家人的神经绷得紧紧的。他们并不想把你们的关系搞僵，但是有的时候你的要求太过分了，会让他们不乐意，这一点你也清楚。

最近，我有个朋友非常沮丧，因为她的姐姐全家要来度周末，并询问她的两个孩子是否可以各带一个朋友来。我的朋友不想答应，因为她家的空间已经很狭窄了，她也不希望看到四个孩子在她的小房子跑上跑下闹腾两天。她解释给姐姐听，她的姐姐一听就恼了，说这不公平，反正孩子们不介意挤一挤，这又有什么大不了的呢？我的朋友虽不情愿，但不得不解释——毕竟这是她的家，是她在招待客人。对此我深表同情。毕竟，如果她们是朋友的话，她姐姐就会三思后再询问，并能够有风度地接受否定的回答。

我们为什么会这样？也许因为和家人的关系是断不了的，所以我们就想要为所欲为。或者因为你是家庭的一员，他们就可以提出无理要求。无论是什么原因，我们都需要得到家人的尊重。而你需要迈出第一步。

就因为你能这么做，你就毫不客气，这是不公平的。

84　再忙也要互相关心

对于这一点，我和其他人一样感到有些内疚。我们常常这样想："我现在太累，明天再给他们打电话。"然而在不知不觉中，无数个明天就这么溜走，你仍然没有拿起话筒。

这样真的不太好。如果你希望和家人有坚实的感情，你得花心思经营，一如经营和另一半的关系一样。你得在上面花时间，即使他们住得很远，也要找时间去探望，平日的空当时间里，打电话跟他们保持联系（提醒自己记得这点）。保持联络这件事很容易不经意地被忽视，你不是故意 3 个月都没有消息，但它就是发生了。哦，千万别这样。

当然，或许你的家人并不比你做得更好，谁也没找时间联络，说不定还更被动。但这并不能让你逃脱责任，两方都错的话不会得到正确结果。如果他们对于联络彼此不甚热衷，反而给你更充足的理由对这件事更加努力。否则，最终你将发现只拥有个名不副实的家，多么令人伤心。

所以原谅你的姐妹老是抽不出时间打电话，原谅父亲的健忘，安排时间打个电话或亲自探视。他们会非常开心，你也会很高兴自己这么做。

每个家庭中总有些离经叛道的人，不告诉任何人他们的行踪，好长一段时间销声匿迹。但有专属的“牧羊犬”去把每个人都集合起来，确保数目和状况。别对于自己总是做得比其他人多而感到愤愤不平，世界就是这么运作的。重要的是在你们所有人的中间，你尽全力地跟大伙儿保持联络。

当然，家人遇到困难时，你也要陪伴他们走过，这点你是知道的。但家人真正应该做的是，当其他人都已经厌倦离开时，你还能坚持在那里，直到家人从困境中走出为止。当家中的某个成员经历危机时，他们可能需要持续几个月甚至几年的支持。大多数的朋友在紧急状况解除之后，就会把这件事淡忘，毕竟还有其他朋友需要关注。但家人是永久的后盾，你就是他们的力量。

有时，这么做可能意味着给自己找麻烦。你得放弃做其他事情的时间，在你精疲力竭只想睡觉时还得讲 1 小时电话。这就是相互关心的代价，但愿当你遇到同样事情的时候，他们也会同样这样照顾你。

原谅你的姐妹老是抽不出时间打电话，原谅父亲的健忘，安排时间打个电话或亲自探视。他们会非常开心。

85　让孩子从争执中学会自立

孩子们的生活真是安逸舒适。不愁吃，不愁穿，不愁住。好吧，或许你期待他们为得到这些付出一些努力，但相对于离家自立后，他们得付出的时间和金钱，这点贡献简直微不足道。

既然如此，为什么他们非得离开家不可？理论上，除了得到事事免于在你监视下进行的方便，及自由和隐私的空间之外，没有其他理由让他们想以身试险，投身到外面的野蛮环境。为了自己的心智成熟，或许也为了你，这是他们必须做的事情。所以，为了离开温暖舒适的庇护所，出外经历和承担责任，他们逐渐形成一个极简单的机制，并迈出巨大颠覆的第一步，也就是开始反叛。当然，或许在真正离开家之前，他们已经度过了这个反叛期。某个层面上来说，在真正可以离开之前，你们之间的关系一定会发生巨大的转变。

是的，为了能有动力让自己独立，他们必须找到借口来反抗所有你认为对的事情。他们必须和你持续争执，直到外面的野蛮世界看起来比和你待在一起更有吸引力。

如果你总是宽容、谅解，反倒让他们感到为难。在耳朵穿洞，结果你眼睛都不眨一下，那么便试着在舌头穿洞，但你却说这是他们的选择。那接下来得做些什么？每当你要求他们自己收拾整齐时，他们都大声顶嘴？吸烟？说脏话？一定有些可以激怒你的事情。

或许你会让步，让他们可以和你争辩。但你知道，直到达到目的之前他们不会罢休。他们会吃掉你所有的食物，把音乐放到震天响，把头发染成绿色。就像我说过的，这是与生俱来的反应。到最后，你会被击倒。

有什么应付的办法吗？我会告诉你。不经过叛逆时期的孩子，没有办法摆脱父母的照顾。生活对他们会更困难。长期来说，对你们也是沉重的负担。有时，他们找到很好的另一半，会慢慢地把重心移转到他身上，但有时就没那么好运。不管如何，他们将花很长的时间学会自立，也会觉得独立比想象中还要困难百倍。

当然，你也无法强迫他们叛逆。你可以有意为他们设置一点障碍，使他们更容易找到靶子，这会让事情容易些。他们可能辱骂你，可能保持礼节但再也不告诉你他们在做什么，或沉迷于不良习惯当中。反叛有很多种表现，你的孩子会找到他们的独特方式。当他们这么做时，你应该感到庆幸并尽力给予帮助。

或许你会让步，让他们可以和你争辩。

86　每个人都是独一无二

你看起来和你的母亲、你的父亲、兄弟姐妹、孩子长得一模一样？不，当然不可能。你可能有神似母亲的鼻梁、父亲的笑容、姐姐滑稽的小脚趾，你有他们的一半基因，但你也有完全不同的另一半基因，你是独一无二的。我总告诉孩子（用开玩笑的口吻）："实际上，你不是我的孩子，只是我的半个孩子。"

性格也是如此。你可能发现你不像哥哥那样善于表达感情，不像母亲一样对整洁神经过敏，你的性格中可能融合他们的特点，但你的综合性格是独一无二的。

既然如此，为什么我们要认为家人对事物的看法感受一定会和我们一样？或为什么当他们做了我们不会去做的事情时要感到生气或不认同？我们不但容易把家人视作理所当然，也很少做到我们应该做的，停下来好好思考："既然事情发生了，妈妈现在的感受如何？有没有什么是我现在可以说或可以做的，好让她感到好受一些？"请记得，重要的是他们想要你怎么做，而不是你想要怎么做。

我有个朋友，他的父亲和他的小狗形影不离，到任何地方都一起行动。当这只狗去世后，我朋友匆忙地买了另一只狗送给父亲。因为他觉得如果是自己的狗去世了，他会这么做；但这却不是父亲能够接受的方式，正处于伤痛期的他无法再接受一个新成员的到来，他需要时间消化失去忠实朋友的事实。如果我朋友在行动之前先停一分钟想想父亲的感受，他就能够明白了。

所以，别再自以为是地用自己的观点推断家人的想法，自己觉得不重要的事情也不代表家人不关心。自以为是只会导致原本不必要的摩擦，这也是为什么和家人的相处总是比和朋友相处困难许多（我们不会理所当然地认为朋友和我们想法一致）。其实事情可以简单点。我不知道为什么我们常会这么做，但我们都应该停止。

如果家庭中有生老病死、婚丧喜庆等的重大事件，找机会问问和事情最有关联的成员，问问他们希望以什么方式庆祝、哀悼、处理或纪念。停止自以为这是你们史密斯家族的传统，所以他们想的和你想的就会一样。或许你认为40岁后没必要庆祝生日，但如果你的孩子或兄弟姐妹仍照旧庆祝，那么就带着祝福的心意寄张卡片或打通电话，让他们知道至少你记得这件事。既然我在兴头上讲了这么多，那么多一个提醒，别在孩子之间比较，别说："如果你能像姐姐，多些情感表达就好了。"

你无法改变他们或自己的性格，只能记住，每个人都是独一无二的，无论优缺点，欣赏他们的本色。同时，但愿他们也能这样对待你。

别再自以为是地用自己的观点推断家人的想法，自己觉得不重要的事情也不代表家人不关心。

87　手足情深

这些年来，我幸运认识了无数优秀的人。但即使是我认为个性最受人喜爱、最慷慨大方或最不刚愎自用的人，他们和手足之间都有些摩擦，大至严重的问题，小至对琐事的意见不合。他们和朋友相处融洽，却和手足相处很难。

不管你怎么努力，但在潜意识里，仍记得他们总是受到母亲的偏爱，他们总是趁大人不注意时欺负你，他们永远不让你玩你垂涎已久的机器人。除了无法遗忘之外，你以为早已成功摆脱这些不平感受，也确定你已完全原谅他们了。但不知怎么的，当母亲决定不和你而和姐姐一同度过圣诞节时，当你的车子坏掉但哥哥不愿意把他空出来的车子借你用时，你就感情用事地感到失望沮丧。

那个多年前经常和你争吵，让你嫉妒或故意惹你生气的孩子早已离你远去。现在这个站在你面前的成人，除了你之外，多数人早已不记得他小时候的模样。但你仍依稀记得和他的那些遥远过去，还怪罪他，还耿耿于怀。

我其实不是很确定这个法则所要阐述的重点是什么，就我的经验，其实你能做得很少。你可以尽力去克服这些情绪，但无法完全摆脱。所以，我想这个法则是这样的，接受这些感觉永远不会消失的事实，在记忆的某个角落，儿时的争吵及不公平的对待会一直留存在那里。你可以做的就是理性辨明那些过去对现在来说，都失去意义了。即使你非理性的头脑仍无法轻易让往事随风，但别让那些不愉快成为你和手足间相处的绊脚石。

小时候和你争吵最严重的那个兄弟或姐妹，长大成人之后，常常变成我们最亲近的手足。这么多的争吵其实来自于想变得和对方一样的渴望，想拥有他们有的东西，想和他们一样的伶俐、幽默或能干。会这么做其实是因为内心深处，我们很欣赏他们。显然我们不愿意承认这一点，但事实就是如此。所以，只要集中精力记住羡慕及欣赏他们的地方，而不是让自己的思想迷失，念念不忘过去的争吵。

不要忘记，另一方面来看，你的兄弟姐妹和你有同样的烦恼。有各式各样你意想不到，但他们认为你在童年时占上风的事情。是的，我打赌你已经忘记，当你独自在家打破窗户却让他们背黑锅的那些陈年往事。

小时候和你争吵最严重的那个兄弟或姐妹，长大成人之后，常常变成我们最亲近的手足。

88　摆脱你以往的角色

我有个一直以来相处很好的哥哥。即使现在我们都已长大成人了，他依然表现得像个哥哥。对我来说虽还可以忍受，却着实令人懊恼。几年前，我婉转提出这个问题，并问他能否不以哥哥自居。他了解我的意思并且说他会尽力尝试。几个星期后，他耐心地向我解释，他尝试着做了，但因为我举止还是像个弟弟一样，所以他无法轻易摆脱哥哥角色。你们知道吗？我从未注意到这个问题，但我哥哥是对的。

当你18年来都扮演着同一个角色，便很容易沉浸其中。尽管我们可能尝试改变，家庭中每个人却不知不觉地被分类，有属于自己的标签：聪明的那个、心不在焉的那个、害羞内向的那个、专横的那个、不可信赖的那个等等。我们在家庭中轮流扮演这些角色。相对于你的手足来说，你可能是聪明的那个，或专横的那个。一旦离开家，相对于外面其他人来说，可能你实际上并没有那么聪明、愚蠢、有趣、暴躁或体贴。

所以，你会在更广阔的世界里找到自己的位置；但当你和家人在一起时，他们期待你变回那个有趣、跋扈、浮夸或懒散的人。因为他们这么期望，所以你也顺理成章这样做。毕竟这个角色对你来说再自然不过，想也不用想就可以轻易胜任。同时，你也期待家人恢复他们的本色，他们也会乐于合作。

这些都没有问题，但这本身就是个问题。要是你的家人老是用同样的方式对待你，好像你从未长大一样，这多令人沮丧。有时候，不只沮丧这么简单，可能造成真正的麻烦。你的家人没办法看清你其实不再心不在焉、内向害羞或轻率粗心。然而，造成这个情况的部分原因来自于和他们在一起时，你的行为举止仍一如往常。

听着，要让家人停止用习以为常的方式对待你的唯一方法，就是不再扮演家庭中你被分配到的角色。这么做的话，你也可以避免用让他们觉得好像 10 年、20 年或 30 年都没有改变的方式来对待他们。这是双向的改变。通常，以我和我哥哥的例子来说，双方都有过失。

所以，如果你希望他们能一改过去的专横，你就必须停止表现得迟钝愚昧。如果你希望他们认真看待你，别再扮演小丑。如果你受够了处处受到庇护，就别再像个小孩。在他们注意到你的改变和给予回应之前，可能需要花上几个月或几年的时间，这种改变无法一夕之间造成。但终有一天，他们将摆脱以往的印象对你做出全新的评判。

这个角色对你来说再自然不过，想也不用想就可以轻易胜任。

第五部分
友谊篇！

相对于亲情，处理友情要容易些。毕竟，你不会和朋友相处一辈子。但从对方的角度来看，朋友也没有非得和你长久相处的负担。

就像经营和伴侣的关系一样，有些原则可以帮助你轻松维持长久的友谊，确保你喜欢的人也想与你交朋友。为此，你必须确保不会做出使他们反感或不悦的举动，以免损伤你们之间的情谊。

同样，你必须了解对朋友可以有些什么合理的期待。如果你们之间产生了摩擦，造成摩擦的原因是什么？怎样的要求才不会跨越友谊的界限？接下来这一系列的法则，将使你在问题产生时顺利找到解决方法，在漫长的人生中指引你获得牢不可破的友谊。

89　没有人可以教你朋友该怎么当

我有一个朋友，尽管和他很好，但他有个毛病总是让我很恼火。他完全言而无信：没跟你约的时候，却常常连说一声都没有就突然出现在我的面前。来了之后，说要待一晚却一小时就闪人；不然就是说只有一小时空当却待了整整一星期。以一台露营车为家的他，常常随兴之所至四处游山玩水，这样的随性习惯很适合他自由自在的生活方式，却不见得能和我的生活方式同步。

几年前，他做了某件令我彻底爆发的事，我已记不得到底是什么事。可能是那天我没有心情再容忍他总是最后一刻反复不定的脾气，或者是其他状况。总之，那天我开始觉得，或许是时候和他保持距离。并非想把他彻底从生活中划掉，只是觉得无法再对这段友谊付出任何心力。当我把这件事对太太如实以告，她反问我喜欢这个朋友哪些特点，长时间和他保持亲近朋友关系又是为什么？我回答因为他自由自在不受拘束，乐于活在现在的个性。我梦想着能过他的生活，却因为与现实中的家庭及责任冲突而无法实现。尽管我已经得到现在的生活，却无法让我停止幻想另一种可能的生活方式。

太太于是问我，对一个自由自在不受拘束，永远活在现在的人，你又怎么能奢望他会跟你预约时间，或按照说定的时间来拜访或停留呢？我对她发了点小脾气，这让我感觉比较舒坦一点，但我知道她说得对。我觉得生气是因为朋友拥有我所没有的特权，说来就来说走就走，然而，在内心深处，我并不真的希望能够像他那样生活，我喜欢的只是想象自己能那样生活。

从那以后，我发现当朋友表现得再率性而为，对我的安排置若罔闻，我可以一笑置之，暗自想着："好个不受拘束，这就是我欣赏他的地方。"

这个法则的要点是，你的朋友有自己的个性，要是不能接受就选择离开。你无法要求他们改变，毕竟这没有什么道理。如果你欣赏他们，就继续和他们保持友谊并忍受他们的小缺点。从另一角度看，就像我这位朋友一样，他们的小缺点或许正是值得你欣赏之处。无论如何，每个朋友都是优缺点混合的个体。如果你的朋友要求你为他们改变，你也不会对他们的忠告心怀感激。

这世界有很多适合相处的朋友。如果这个朋友真的不适合你，就退出这段友谊。没有任何一个法则教导你该怎么做别人的朋友，身为朋友该有什么行为举止或该符合什么期待。所以，别设想你的朋友该做什么，或不该做什么，他们唯一该做的事情就是做自己。那样一来，你才可以自由选择是否和他们往来。

你的朋友有自己的个性，要是不能接受就选择离开。

90　相逢何必曾相识

想想你最要好的几个朋友，再想想你们第一次见面的情景。对他们的第一印象是什么？有料想到他们最终会变成你最好的朋友吗？一开始对他们有所防备吗？或羡慕他们？还是瞧不起他们？继续回想，想一想第一次见面时你对他们的感觉。

我最亲密的一个好朋友，一开始是我的仇敌。其实，当时我们是一起工作的同事，都想着让对方被开除（这种作为我并不感到自豪）。幸好，我们都没有成功。因为我们长达几星期都形影不离，找不到机会下手。当然，我和其他朋友有比较好的开始，但也没有想到他们最终会变成如此可靠、美好且使人愉快的挚友。

你遇到的每个陌生人，都可能变成你的挚友。即使你讨厌他们到想害他们被开除，也给他们一次平反的机会。你知道的，好朋友是人生中重要的资产。所以有时候，我们又何必设下重重障碍妨碍我们认识彼此呢？有时候，我们容易执着于同一个朋友圈中，不愿向外开展。但想想你可能错过了什么？要是你一开始就怀着封闭的态度，又怎么有机会与你现有的朋友相知相惜呢？

我的朋友中有一些拥有稳定工作的，也有一些领失业救济金的朋友、一些上流社会的朋友；有一些在媒体工作的朋友、在艺术领域及其他专业领域工作的朋友、从事服务业的朋友、自己做生意的朋友；有一些家财万贯的朋友，也有为生活挣扎求温饱的朋友；有一些在监狱服刑的朋友，也有在社群团体中身居要职的朋友；有一些年过八旬的朋友，也有少不更事的朋友。这些朋友让我的生活丰富多彩，每天都让我获得很多。这些年来，我学到别以表面评判一个人（你知道，至少我从尝试让朋友被开除这个无从辩解的错误中，已经学得教训）。

法则实践者永远在生活中为另一个新朋友留有一席之地。你交到的朋友越多，真正的好朋友也会越多。迟早，你会需要挚友相伴，我们都需要。如果因为你的视而不见，放弃只要花时间了解就会欣赏他们的机会；没有敞开心扉，摒弃他们可能变成你未来挚友的可能性，因而导致你没有多少朋友可以联络，这是多么令人伤心而惋惜的事。

你交到的朋友越多，真正的好朋友也会越多。

91　结交益友

朋友关系最好的一点就是他们不必因为义务而待在你身旁。然而，除非自愿，否则你也不用一直待在他们身旁。但愿你已有很多真心可靠，让你感到满意的好朋友。如果你身旁的人不是这样，你就不必继续和他们往来。你一定要明白这一点。

让我说得更清楚一些。你要有一些益友，他们让你自信。当你经历困难时在身旁支持你，并且希望你快乐。凡是不符合这些条件的人，即使你声称他们是朋友，其实也不能算。

我知道，事情不是非黑即白这么容易。那些有时候让你失望，但却能令你笑开怀的朋友呢？那些不支持你的梦想，却总是在你有麻烦时耐心倾听的朋友呢？那些嘴巴不饶人却永远准备好伸出援手的朋友呢？或那些不怎么可靠，但当他们在场时总是无比亲切的朋友呢？遇到难题了，不是吗？老实说我也不知道答案。我能告诉你的就是试着找出平衡点，把他们放在天平上，缺点放一边，优点放一边，看看孰重孰轻。

朋友的意义在于，他们使我们比没有朋友时感觉更好。所以，如果做不到这点，那么为何要和他们来往？你知道哪些朋友是你毫无疑问想要拥有的，而哪些是你宁愿素不相识的。除此之外，有些朋友是你必须好好考虑是否结交的。记住，你无法要求他们改变自己，你只能选择接受或离开他们。

当然，你不希望影响他们的生活，所以得选择以温和体贴的方式退出你们的友谊。我不提倡面对面摊牌直述你对他们的看法，如果他们回敬你，你们可有得吵了。你必须维持道德标准，记得吗（法则74)？或许你可以想办法完全避开他们。即便没办法这样，你也可以停止向他们倾诉心事，当你需要依靠时不依赖他们，不再邀请他们参加你的生日派对。长话短说，停止以好朋友的方式对待他们，慢慢地把他们降到泛泛之交的行列。

这不仅是你现在必须做的事，终其一生，你都需要偶尔审视你的朋友圈，从整体的角度来看，看他们是否让你的生活更好。我希望大部分的朋友在多数时间都能让你这么觉得，其中少数朋友自始至终地为你的生活增添色彩。这样的话，你就可以确定身旁围绕的是使你生活更丰富的益友，不管是对各自还是整体而言。

朋友的意义在于，他们使我们比没有朋友时感觉更好。

92 要做就做最好的朋友

这的确不公平。毕竟，对于朋友没有规矩可循，接受他们原本的样子就好。但这里有一个给你的法则。是的，我期望当你决定对一个人付出友谊时，能尽力当他们最好的朋友。

在这里先提醒你，这是一个苦差事。这代表即使你很忙、很累，当朋友需要你时，你得为他们挤出时间。除此之外，更得奉献出你的心力。当他们遇到麻烦，你也得改变生活作息配合他们。当然，会有很长一段时间你不需要他们，他们也不需要你。你们都理解，工作、生活、孩子或其他任何事可能使你们分身乏术，难得见上对方一面。然而，这对你们来说不是问题，当有时间见面相处时，你们很快就能重拾默契，补上这段时间的空白。这就是最坚定的莫逆之交。

但有时你的朋友会突然打电话给你，或突然出现在你家门口。因为他们需要你，需要你的陪伴。事情出了问题，他们绝望地需要借一个肩膀依靠，需要有人帮忙、需要有人倾听。这时候，你会在那里。即使你明明已疲惫不堪却还得熬夜到很晚，必须托人照顾孩子几小时，或向公司请一天或更多天假。

当然，成为一个好朋友还需要具备许多素质，你得是个好的倾听者，想法正面积极且给予支持，忠实、细心、亲切、富有同情心、可靠。但除非你在他身旁，否则你无法做到任何一项。因此，不管多困难，你得找出时间陪伴朋友，表现你的支持，这是最重要的一件事。

当然，也许他们不需要你给他们几个小时，或许几分钟或帮一个小忙就已足够。也许他们需要你每隔几天花 5 分钟打个电话保持联系。也许，当每个人都遗忘他们所遇到的麻烦时，却还需要你持续的关心。也许他们需要接到你的卡片或电子邮件，知道你还在想着他们。另一方面，或许他们真的需要你花时间陪伴。

这是法则实践者有别于普通人的地方。我们从最好的朋友身上学到对待朋友的道理，然后再施于其他朋友。即使时间不够，即使自己的状况也不妙，还是确保朋友得到我们全心的支持与全力的配合。如果你不能在他们需要你的时候陪伴左右，那朋友还有什么意义？

成为一个好朋友还需要具备许多素质，你得是个好的倾听者，想法正面积极且给予支持，忠实、细心、亲切、富有同情心、可靠。

93　宽恕

如果一种关系总是不平衡，那么这种关系就不会融洽。这是从道德方面来说的。如果其中 个人有丰富的学识、有更多技能、或更多天赋——最好是另一方能够在另一个方面有更多优势从而达到平衡，那么这种关系也会融洽。但是如果一方在任何方面总是不如对方，这种关系就会破裂。这也许需要一段时间，当事人会感到痛苦或疏远，但是从长远来看，这种关系是不能持久的。

因此，如果你希望任何友情能够持续，你就必须在感觉受到冒犯时宽恕你的朋友。这可能是些小事——那人总是迟到，或从不关心你的感受，这都会让你不快；也可能是些大事——把你借给她们的裙子弄坏，不出席你的婚礼，借钱不还，不愿意和你的伴侣相处。

和以前一样，我不会告诉你该怎么做。你并不一定非要原谅任何人。我只是说，如果一方不肯原谅对方的某种伤害（也许大，也许小，也许真实存在，也许是想象出的）的话，我所经历的友情和看到过的友情都会破裂。

当然，你也可以选择让这段友情体面地破裂。有时这是最好的办法。但是如果你每次都这样做，最后你的朋友就剩不下几个了。

因此，无论你的朋友做了什么，原谅他们吧。你不必去忘记，比如你以后不要再借给他们那么多钱（除非他们有更充分的理由或者能够提供担保）。但是，如果这段友情值得保留，你就需要不计前嫌。要记住，没有人是完美的。尽管身上有人性的弱点，但是这个朋友还是值得交的。

尽管宽恕并不意味着你要忘记前嫌，但却意味着要在这个朋友面前缄口不提。不要动辄就提起，因为这会不断提醒你的朋友你认为他们在道义上欠你的。

当然，宽恕并不总是件容易的事。也许你需要和朋友开诚布公地谈谈，但是一定要等到你能够心平气和下来的时候。真正的宽恕是真诚的，这样做是为了自己，而不是为了朋友。这会让你好受些，并能保住你珍视的友情。无论他们做了什么事，关键在于理解你朋友这么做的动机。如果他们是值得交的朋友，那么他们那么做一定不是要让你伤心或伤害你，那是无心之失。回头想一想，他们为什么会那么做，他们行为的背后有什么想法和价值观，这些想法和价值观又是从哪里来的，这样你就会发现宽恕他们容易得多了。

要记住，没有人是完美的。

94　不要随便给朋友提建议

有时，这是个令人费解的难题，我希望你已做好准备。基本底线是不要提供朋友任何建议，永远不要。即使眼见他们正在犯一个最糟糕的错误；即使你确定他们事后会遗憾终生；即使你清楚知道正确的做法是什么，但永远不要提建议。

毕竟，你哪里来的自信觉得自己才是对的？报纸上最近有个新闻，有对夫妇的朋友和家人都曾建议他们不要结婚，认为这将会让他们后悔一辈子。一些坚持己见的朋友和家人甚至为此拒绝参加婚礼。然而，这对夫妇因为结婚 70 周年而上报，他们非常幸福，就如当初结婚的那天一样。

看到了没？我们不能武断地认为自己才是对的。你的朋友对自己的想法和生活，了解得比你透彻。是的，我知道你清楚知道朋友最热衷的兴趣是什么，但这远远不够。在困难的时刻，他们最不需要的就是朋友指手画脚自以为是的压力。如果你觉得给予他们建议很重要，那么闭上你的嘴巴也同样重要。你要做的是陪伴他们，倾听他们的述说。

那么，当他们尝试作出重要的决定时，你可以给予他们怎样的帮助？很简单，只要问他们问题，帮助他们下决定时摒除偏见，排除疑问。举例来说，多年前，我有个要好的朋友，因为男友的新工作必须搬到海外，她对是否跟随他去感到万分烦恼。我能做的就是通过问问题来帮助她厘清思绪，如：如果你待在海外，但你们的关系不复存在，你会有什么感受？如果你选择留下，却拼命地思念他，你的感觉又是什么？如果你在海外没办法找到如你现在这样喜爱的工作，你的感觉是什么？远离家人，你的感觉是什么？如此这般，我只是不停问着尽量涵盖各方面的问题，然后等她的决定。她最终的决定是什么呢？我不会告诉你。因为那是她自己的决定，与你我无关。

即使朋友征询你的建议，你也应该拒绝给予，更不要好管闲事地提供意见。只要问问题就好。当然，你可以对于是否要买这双靴子或那顶帽子提供意见（也是在被询问的状况下）。请保留你自己的意见，长远来看，你会很高兴自己这么做了。

你的朋友对于自己的想法和生活，了解得比你透彻。

95　不要让他人不快

我的朋友有个可爱的两岁男孩，她非常想给他再生个弟弟或妹妹，但是一直未能如愿。这是她目前最大的遗憾，周围的人一直询问她何时再生二胎，这对事情毫无助益。最近甚至有人指出，和别人比起来她只需照看一个孩子是多么轻松。

这种话你可以跟兄弟姐妹或最好的朋友说，出于真诚的关心和爱护，但不可以对那些不愿意对我们敞开心扉的人说。

也许你永远都不会做这种事。这么做的人并非要伤害谁——他们只是没有想到对他们来说一时的好奇可能会对你造成伤害。比方说，如果你在生二胎（或头胎）时遇到过困难，你就会对这种事情很敏感，不会犯这类错误。但是我们都需要小心，不要在没有亲身经历过的事情上给他人带来困扰。

因此，如果你遇到单身很久的人，就不要去问他们什么时候会找到另一半。如果有人在某个职位呆了多年，就不要问他们升职的事。如果有人家属去世或离婚，就不要问他们怎么不再找一个合适的。如果一对恋人在一起多年却没有订婚的迹象，就不要在别人的婚礼上对他们说“下一对就是你们”。当你遇到快四十岁却没有孩子的女性，就不要问她对当妈妈有什么计划。如果你遇到某人看起来好像有孕在身，但也可能是身材发福，就不要问宝宝什么时候会生出来。我知道你不需要我指出这些事情，但有些人需要指点。

当然，有时你也会琢磨这些事，这是可以理解的。但是这并不意味着你可以把自己的想法说出来。我有个朋友最近发现她家孩子班上有两个孩子的爸爸都进了监狱。谢天谢地，她从来没有问过这两位妈妈为什么孩子爸爸没有来接孩子或者参加学校的活动，或者向她们抱怨自己的丈夫总是回家太晚，诸如此类。

当我还小的时候，父母就教会我们绝对不要询问私人的问题。这是再正确不过的。我不知道是什么原因，近些年询问私人问题变得很普遍，但这并不意味着这样做是正确的。如果不知该不该说，就不要说。要敏锐地看到可能产生的问题。问问让人可以自由回答的问题，如“你好吗？”如果人们想要让你知道，他们就会告诉你。

当我还小的时候，父母就教会我们绝对不要询问私人的问题。

96　结交实在的朋友

你要对自己选择的朋友负责。如果你身处于一个不良群体中，不但是你的选择，也反映了你本身的特质。假装你自己都不知怎么认识他们的；或你其实别无选择，他们是你唯一的朋友，这些都是借口。与其结交一群令你觉得尴尬或羞愧的朋友，不如宁缺毋滥。

在群体中无法独善其身，你无法独自身为蓟草丛中的一朵罂粟花，或荆棘丛中的一朵玫瑰，你会变成蓟草和荆棘。骗自己你不会被他们影响，或你和他们不同都于事无补。如果你真是这么与众不同，又何必和他们混在一起？如果你希望自己是一朵鲜红的罂粟花，你得在罂粟花丛中茁壮成长。如果你为同伴感到羞耻，你就无法给予别人适当的爱，也无法得到他们的爱。

所以，让我们说得更明白点，你必须让自己身旁围绕着一群令你感到骄傲的人，以自己是该群体的一员而自豪。他们诚实、正派、正直、充满正义感；他们坦率、真诚、永不说谎；他们在意你的幸福，和你在一起不是因为可以从你身上谋取些什么，只是因为你让他们感觉愉快。

他们不会占你便宜，不会施加压力逼你做你不愿意做的事。他们不会对你做出不公平、不合理的要求，而且永远不会背叛你的信任，不会背着你谈论你的八卦。

他们亲切、慷慨、体贴并关心你，会在你需要他们的时候想尽办法陪在你身旁。当然，毕竟他们也是人，无法事事都做得周全，但这不影响我们尝试互相来往的意愿。如果他们知道自己犯了错误，只要情况允许，他们会尽快改正。

当你开始花时间与这些人相处，很快就会发现自己变得与他们相似。就像你在蓟草丛中潜移默化地把自己变成一株蓟草一样，所谓近朱者赤，近墨者黑。你会一点一点地盛开，看到自己变得多么的棒。可以因为一些令你感到骄傲的人的陪伴，而使生活变得越来越丰富的话，为什么要让那些令你感到羞耻不开心的人充斥你的身边呢？毕竟，如果有那么多很棒的人想跟你做朋友，你一定是个值得深交的人，你不是丑小鸭，而是一只美丽的天鹅。

你必须让自己身旁围绕着一群令你感到骄傲的人，以自己是该群体的一员而自豪。

97　不要借钱给别人，除非你不打算要回

多少次，我曾眼见因为朋友间因为借钱拿不回来而导致一段友谊破裂。不只是金钱借贷的例子，还可能是把车借出后，被刮得体无完肤地回来；把书借出后，再没有回到自己手上；或把公寓借给朋友住几天，里面的家具多处损坏。王尔德（我想应该是他）有一次跟朋友借书，却不小心弄丢。他朋友非常生气质问他："难道你想因为这件事破坏我们的友情吗？"王尔德反问："难道你希望这样吗？"

这个法则不仅适用于朋友，也同样适用于家人之间。把它归类在这个部分是因为，朋友间更常为这类事情破坏感情。的确，你怀着慷慨助人的初衷，同意把东西借出，然而却因为朋友没有好好归还而感到气愤难平，最终还失去一段友谊。

如果你的朋友是一个正直的，值得交往的人，他们不会故意犯这

种失误。可能是因为资金不如他们设想的充裕，或有笔意外的花费导致资金短缺。那么，你能怎么做呢？一开始，还没借出钱、车子或房子之前，你就得在心中盘算，这笔钱就当作给出去、车子或房子归还时可能不会完好如初、书可能被弄丢拿不回来。如果你觉得这样不值得，一开始就不要借给朋友；反之，如果觉得无妨，那么就在心里把这笔账一笔勾销。当你把钱拿回来，或发现车子毫无损伤地归还之时，会感到意外的惊喜。十之八九，你会把钱拿回来的。用这个方式处理，即便是遇到了例外的10%的概率，你也不至于失去一个朋友。

如果这段友谊还没到那种程度，这又是另外一回事了。你可以冒险把东西借出，在必要之时把这段友谊结束。然而，金钱诚可贵，友情价更高，轻易抛弃友谊就太轻率了。朋友之间，几百块甚或几万块又算什么呢？如果你幸好有这笔钱，而他们正好需要，给他们使用又何妨？把这笔钱用借贷名义借出可以替他们保留颜面。但你心底知道，因为他们值得，所以你把这当作礼物送给他们。如果他们选择把这礼物在几星期或几个月后送回给你，正好证明了他们是多么棒、多么值得交往的朋友。

当然，如果你曾向朋友借钱，经济好转之后，就尽快归还。还有，如果你把他们的书弄丢，买一本新的归还；离开他们的公寓前把内部清洁干净；车子还他们前先洗干净并加满油。如果他们大方地把东西借给你，至少你可以做到这些。

金钱诚可贵，友情价更高，轻易抛弃友谊就太轻率了。

98 如果你不欣赏朋友的伴侣，也不要口出恶言

很多人都发现这条法则难以执行。你有个最好的朋友，常常和他一起消磨时间，但他的伴侣你却不怎么喜欢。也许他的新伴侣就是讨人厌，或在你看来，他们对你朋友并不好。通常，可想而知，你的朋友当局者迷，被爱蒙蔽了双眼。他们只希望最好的朋友和另一半能相处融洽。你该怎么办？

我曾见过很多友谊在这种情况下变得难以维持。你可能禁不住想要告诉朋友你的想法，劝他们早日离开这个新情人。很多人都这么做，但这不是最好的答案。为什么？因为事实上这不关你的事。因为他们很可能选择离开你而不是抛下新欢。因为你朋友需要的是能给予他们自信，而不是打击他们自信的人。因为你可能是错的。因为即使你的看法正确，他们需要的是一个当一切结束后仍守在身旁的朋友，

一个不会跟他们说：“我早就告诉过你”的朋友。我还需要继续举例吗？

我知道，当你突然发现因为不欣赏朋友的伴侣，导致你无法真心享受和朋友在一起的时刻，这很令人沮丧。在这样的情况下，试着单独约见你的朋友。或许不约周末，改在平日的某一天见面。如果对你来说，这个新伴侣真的很惹人厌，或使你感到不再值得花时间和他们一起出去，就婉转解释你比较偏好单独见面，仅此而已。

这件事只有两种结果。他们可能在一起几年或一辈子。在变成终身伴侣的情况下，他的另一半将变得比你重要许多。一旦这个情况发生，而你仍对他的伴侣有意见，那么就悄悄地在这段关系中退场。你可能是错的，这个新伴侣就是令你的朋友感到幸福的那个人。你知道这的确也有可能发生，而这不正是你希望朋友得到的吗？另一种情况是他们最终分开，证明了你的看法是对的。如果事情演变至此，你的朋友将需要你的陪伴；如果你们关系破裂，或他们觉得你会说：“我警告过你但你就是不听”来泼冷水，他们就无法向你求援。

所以，从一开始，你能做的只有让自己不涉入他们的关系。保留你的意见，为朋友坠入爱河感到开心。如果他们询问你的看法，尽量做些正面的评论："他真的很英俊。""她很幽默。"然后不再多言。你还有一件事可以做，就是当他们关系结束后，准备替你朋友疗伤，替他们收拾残局。

你可能是错的，这个新伴侣就是令你的朋友感到幸福的那个人，你知道这的确也有可能发生。

99　责人之心先责己

坦白讲，我必须时常提醒自己这条法则，不然很容易就掉进指责别人的自大心态里。当朋友迟到时，你抱怨他们让你白等了很久，却没想到上个月你和他们的聚会时也迟到。当然，那次不是你的错，跟这次的情况不能相提并论。然而，真的有什么不同吗？

试着用手指着某个人或某件物品，我说真的，现在就做这个动作，把你的上臂举起，伸出食指。现在，看看另外三个手指指向哪里？直直地指向你自己，对吧。是的，这条法则要告诉你不要批评别人，特别是你的朋友，因为我们自己几乎在同样的事上也犯过同样的过错。

我注意到，专横跋扈的人通常自己就很专横。温顺懦弱的人乐意接受任何事情，并对于不必组织策划任何事感到松一口气。几乎每个我曾听到他们说："他们太嚣张了吧"的人，实际上自己也常犯这个错，至少有三个手指指向自己。除了专横，其他很多特点也是如此。

不能因为自己有耐心就指责别人容易发怒；不能因为自己有条不紊就嫌弃别人乱七八糟；不能因为自己活泼外向就取笑别人害羞内向；不能因为自己悠闲从容就批评别人过度紧张；不能因为自己喜好和平就嫌恶别人好生事端。这世界需要各式各样的人，你无法了解朋友养成性格的过程，只要享受与他们在一起的时光（见法则89)。

你和你的朋友有着同样多的缺点。我们生来就不完美，而世上本来也没有完美的事物。悠闲懒散不见得比有条不紊差，早起也不比赖床道德高尚。即使你没有犯下跟朋友一样的过失，向后的三个手指不必直直地指向自己，你也有许多让朋友指责的其他缺点。

我不是在尝试打击你。但你之所以能精彩纷呈、魅力四射，正是因为你既有粗糙的棱角又有广润的地方。即使你的朋友做了某些惹恼或激怒你的事，你也得遵守这个法则。让我们多些理解和尊重，减少批评，在检查自己其他手指的方向之前，先别急着指责别人。

你无法了解朋友养成性格的过程，只要享受与他们在一起的时光。

100　友情无法恒久不变

最近，我收到了一个 25 年没见面的老同学的来信。当年，我们曾是最要好的朋友，再度接到他的消息真的很神奇。我们见面叙旧，把多年的空白弥补上来。真正的好朋友就是这样，可以许久未见面，但见面后感觉一如往常。虽然有时相隔的时间十分长，但这对你们的友谊没有影响。

事实上，我们的生活时常变动，朋友圈也无可避免地会跟着改变。当回首过去的生活，中小学、大学、第一份工作、曾住过的地区等，每个时期都有当时很亲近的朋友，现在跟他们却都很少或甚至完全没有联络了。我们都会遇到这样的情况。16 岁就离开家的我和很多中小学时期的朋友都不再联络，当我忙于生计时，他们仍在烦恼星期二前要准时交论文。我们不再有太多的共同点。

你无法跟每一个曾有深厚关系的人都维持联系，一天的时间没有那么多。当你离开某个地区之后，便无法和那里的朋友每星期都持续见面。况且你现在得上夜班，也无法和他们每隔几天就通电话。更何况你可能会遇到如法则 98 提到的情况，有些朋友最终和你不怎么欣赏的人结婚，你们见面的机会会更少。

这些状况都是人生常态。当你们的生活分别走向不同道路时，没有理由愧疚。这些状况可能是短时间或永久的，它就是会发生，这不是任何人的错。

或许，当你有了孩子后，你和朋友的友谊会发生最大的变化。那些还没有孩子的朋友，无法理解你不想聚会到凌晨两点。再也不能随性地约你出门，因为你会没有足够时间找到照顾孩子的人。当你的生活充斥着尿布和奶瓶，只希望有足够睡眠时间的同时，他们的生活已跟你有十万八千里的差距。而无论是上学还是足球训练，因为孩子的关系，你又会认识更多的家长，拥有新的朋友。

所以没有必要因此烦恼。回首过去，我有些曾经熟识而现在令我想念的朋友，也有些曾喜欢和他们相处，现在却只想将它们留在美好的记忆中。有些相知甚久并值得付出心力来保持联系的朋友，和他们的友谊也悄悄变化。当然，不管何时见面，我们可以马上找回断了联络的感情，但我们仍然很少见面，彼此有着不同的生活难题，和以往有了不同的兴趣和忧虑。这让我们之间的友谊发生变化，但同时也让它更坚固茁壮。

当你们的生活分别走向不同道路时，没有理由愧疚。

101　该放手时就放手

有时候，因为生活中不同的轨迹，朋友会变得疏远或亲近，如同我前一个法则提到。有时候，当你发现和某个朋友实在合不来，那么就该适时的放手。

或许是因为你改变了，或许是你的朋友改变了。也许，他们开始和一群生活不良的人一起消磨时间，但你不想参与其中。也许，你已经成熟，但他们的举止仍像个青少年。也许，他们有了孩子而你还没有，他们的新生活实在与你的格格不入。你不但无法理解他们的烦恼，也无法对他们在意的事情感到同情。也许他们有了一个新生儿，但你完全无法揣摩，为什么他们愿意付出半辈子的时光，为另一个人的身体健康而牵肠挂肚。

有时候，这些改变可能是暂时的，你仍值得持续这段友谊。也许，你估计朋友不用多久就会发现不值得和狐朋狗友混在一起。也许，你正好打算生一个孩子，朋友的经验帮了大忙。但有时候，你看不到继续这段友谊的契机，它变得不再适合你。也许你的朋友热衷于宗教，整天向你传道。也许他们沉迷毒品，要你试试你怎样也不愿尝试的东西。也许他们变得财迷心窍，但你却无法苟同。有时候，朋友会为了自身的利益而引诱你走入歧途。

当这些事情开始影响到你们的友谊时，你要做的不仅仅是默默地渐行渐远，有时候，你必须自己有意识地下决定和这个人断绝往来。他们不再能给你的生活带来贡献，相对的，你也无法给他们正面影响。事情到了这一步，已经无法逆转了。

重要的是要能够意识到，这就是现实。别尝试做徒劳无功的抵抗，你得放手，继续往前走。失去一段美好友谊，固然令人难过，但如果你尝试坚持早已不再的情谊，只会让事情更糟。不如自己理智地结束它更好。

或许你觉得需要和这个朋友谈一谈，告诉他你的感觉，跟他说你觉得你们之间的友谊不再能对彼此有益。但别和他们起争执，批评他们一无是处。只要让他们知道，即便花再多的时间，你们的友谊也没有明天。或许你觉得悄悄退出，让这段关系自然结束会比较容易。毕竟，你的朋友可能正好和你有相同的想法，而不会有任何的抵触。友谊需要双方面的经营，如果其中一方觉得不再合得来，也会影响另一方，只是可能比较晚才发现而已。外面的世界有许多潜在的朋友人选，别把时间和精力浪费在一段已经没有未来的友谊上。

别把时间和精力浪费在一段已经没有未来的友谊上。

102　心痛只会痛到自己

你的朋友可能和你渐行渐远，或对你保持距离。就我所知，朋友之间会为了各种理由这么做：因为他们无法停止羡慕你的生活；因为他们气愤你的某些行为，而你可能觉得没什么不能忍受之处（或其实内心深处你也知道自己并不认同）；因为你们之间已经没有什么乐趣。也有可能他们想从一段充满痛苦的生活中解脱，因此得了结一切重新开始。

那时你能怎么办呢？你可以怨恨他们抛弃你，不愿做你的朋友，不管他们表达的方式有多么婉转。你尽了全力去当他们的好朋友，他们却就这么背弃你。即使他们只是不再抽出时间联络，也令人感到不是滋味，不是吗？你有充分的理由觉得伤心甚至不满。

那样做究竟对事情有什么实际帮助吗？谁能从中获益呢？当然，

对你的朋友不会造成任何影响，他们不会知道你的想法或感受。那么，心怀愤懑的你感到快乐吗？这些仇恨的情绪令你感到振奋且开心吗？当然不，这将令你感到悲惨绝望。那么这么做有什么意义呢？

为何你不干脆接受它？事实上，更好的做法是，何不感谢这段友谊过去带给你的美好，心怀善意地想想老朋友曾陪伴一段时间，即使现在已沧海桑田。好吧，你们之间或许有些误会，意见不合，或他们有些过失。但唯一让你在意这场损失的原因，是因为这段友谊曾经美好、积极、鼓舞人心、激励双方且值得拥有。

所有痛苦情绪会伤到的只有你自己。这种痛苦毫无意义，它会把你弄得一团糟，使你无法对其他朋友敞开心扉，使你对生活感到抑郁不满。法则实践者不需要这种自我毁灭的情绪，我几乎无法想出这些情绪对生活有什么积极帮助。特别是你已有过带给你欢乐和幸福，并令你喜爱自己的朋友，至少曾经拥有。

在人的一生中，有些友谊可以长久持续，有些友谊则会稍纵即逝，我们最好接受这个事实。就像你在某些房子里住过几个月，在某些房子里住了好几十年一样，不代表你不满意短期居住的地方。不管长期、短期，都一样有价值。有些人只是你生命中的过客，在离去时给你他们的一切。短暂拥有他们的陪伴与珍贵的友谊，即使只有一阵子，也是一件很棒的事。

在人的一生中，有些友谊可以长久持续，有些友谊则会稍纵即逝。

第六部分
通用篇

如果把所有你爱的人列成一张表，我猜伴侣和孩子（如果你有的话）会排在最前面，然后家人和朋友会以随机的顺序排在其后。之后可能是一些你也不是很熟的人，对他们也没有像对亲近的家人般有着深厚的感情，但你仍希望他们过得好。还有，即使是你根本从未见过的人，你也会心存感激。

我把本书所有法则分类成对伴侣、对家人和对朋友的法则。一开头我曾说过，其中有些法则适用于不同对象。但仍有少数几个法则普遍适用于所有群体，我无法将它们硬是挤入某个部分，因此，这些法则被归类到第六部分，作为本书的总结。

这些法则具有普遍性，特别是那些我们深爱的人。它们也是使生活充满爱的基本要领，无论是付出爱或得到爱。好好掌握这最后几个法则，你将拥有更美好的生活。

103　人比东西重要

我的祖母总是这么说。我想人们可能都认为这是对的，但是很少有人能像她那样身体力行。当我们兄弟姐妹还小的时候，我们偶尔会在她家里打破东西。小孩子就是这样。可能是出于内疚或是什么原因，母亲会对我们发火，但是祖母却完全不在意，她说："亲爱的，没关系。人比东西重要。"

我希望自己能和她一样平静地接受这种事，因为我知道她是正确的，而且这样做让她更加快乐。只要我们没有受伤，她并不介意东西损坏。我们摔破茶杯、弄丢首饰、扯破衣服，她都毫不在意，因为这些事情无伤大雅。

我们当然知道东西丢失了或损坏了不如人丢失或损坏来得要紧。但是当人们安然无恙的时候，我们就会去关注负面的事情——钱丢了、车撞瘪了、电脑坏了。

我曾经非常在意物质财产，对各种东西都不能释怀。我拥有好多零零碎碎的小物件、家具、图画、能够唤起记忆的纪念品等等，都是我花了多年时间积累下来的。我有个房子来装下这些东西，而这个房子需要支付抵押贷款。当东西丢失或损坏时，我和别人一样会感到倍受挫折、气愤不已。后来，我遇上了真的困境。

我失去了房子，然后我逐渐变卖了拥有的一切物品。我成了一个单亲家长，住在租来的房子里，一文不名；但是，我的孩子们有饭吃。这让我意外地感到自己被解脱了。不必为曾经拥有的东西而担心，这感觉太棒了。我能够解脱出来，专注于真正重要的事物：孩子、朋友、人。

后来，我逐渐改善了自己的境况，几年后我又慢慢地重新获得了曾经拥有的一切：房子和里面的各种东西。但是，我在极力避免恢复过去对物品的观点。现在，我不再执着于财产。如果我能够从中获得快乐，那很好。但是我知道，我并不需要依靠它们才能快乐起来。令我快乐的是人。

我们当然知道东西丢失了或损坏了不如人丢失或损坏来得要紧。

104　内疚是一种自私的情感

你也许在想，这算什么“爱的法则”？好吧，我来告诉你。因为如果你忙着内疚，你就无法很好地向别人表达爱意。让我来解释一下。

当我们感到内疚的时候，这种感觉与谁有关？自己，我们关注的是自己的情感。自己、自己、自己。我是怎么感觉的，我的人生多么糟糕，我这里发生了什么？这完全是以自我为中心，将关注焦点偷梁换柱，而真正的关注焦点应当是你内疚的对象——在某件事上对你感到失望的你所爱的人。也许你故意认为自己让他们失望，以此获得他们的关注。不，我们没有时间去担心他们，我们正忙着对自己不得不承担的沉重负担自怨自艾。

如果这是个负担，为什么不把它放下呢？没人阻止你。是担负起来，还是放下，由你来决定。只有一个问题，如果你放下这个负担，你就必须将关注的焦点放到别人身上，而不是不停地谈论自己。你觉得你做得到吗？当然你能做到，因为你学过了本书的法则。

让我们理清头绪：过去的事就让它过去吧，你无法改变。如果你能挽救，那就去挽救。如果无以挽回，要么你就接受现实，总结教训；要么你就自怨自艾，继续想着自己，而不去想那个令你感到内疚的人。这需要你来做出选择，你知道应该选择哪个。

当然，一时的内疚是可以接受的。你突然意识到你没有做应当做好的事，这种内疚会促使你现在去做，或者做出补偿。但是一旦尽力弥补了，再想着自己就是自私，就是想吸引别人眼球了。

我也知道，偶尔会有因为你的过错而导致极其糟糕的事情发生。你醉酒驾车出了车祸，导致他人受伤。当然你会感到内疚（至少我希望你会内疚），但是你不能沉缅其中。你应当站出来，参加反对酒后驾车的宣传活动中，或者去慈善机构帮助在事故或其他事件中受到长期伤害的人们。这才是建设性的行为。没完没了地唠叨你的感受，唠叨你是多么难过，这可不行。

这就是为什么这是一条“爱的法则”。因为要真正地爱他人，你就必须把关注焦点放在他们身上，而不是自己。你不应该继续吸引别人的注意，你需要去为他人着想。我知道有些人喜欢内疚，他们会到处寻找让自己感到内疚的事情。为什么？因为如果你想把爱全部倾注到自己身上，这是世界上最容易的方法。别让步，如果你做了错事，你就要弥补过失，继续前进。

还有一点。如果你真的对某件事感到内疚，只要不再内疚就好。不要为了自己内疚而感到内疚……

因为要真正地爱他人，你就必须把关注焦点放在他们身上，而不是自己。

105 爱就是要付出时间

当你被多事缠身而分身乏术时，你会怎么做？其中一个孩子希望运动日你能跟他一起运动；但同一天，另一个孩子有演奏表演。你的朋友因为婚姻破裂感到绝望痛苦，需要有一个肩膀依靠；但你的母亲生病，需要你带她到医院就诊。你的另一半正处于极度忧郁，无法离开你半步；但你的姐姐没办法自己应付她的孩子，需要你帮忙照应。或以上的情况通通一起发生。生活中不时出现这种挑战，可能在一段时间里，每件事都顺利进行，也可能所有事突然通通挤在一起。所以，应该怎么解决呢？

你得认识到一个等式：爱=时间。所有人都需要你付出时间，有些人可能只需要一点时间，有些人则需要你的大把时间。有些人要你跟他们度过某些特殊时刻，有些人则只要你腾出时间就好。有些人需要你替补他的缺席，有些人需要你在场参与。他们需要的都是你的时间。然而时间是有限的资源，当每天的 24 小时都被分配完，你就没有多余的空间可以支配。

这就是为什么你无法和所有认识的朋友保持联系。或者，有了孩子之后，无法和许多人保持跟从前一样的往来。你可以把时间分给 100 个认识的普通朋友，或 20 个亲近的好友及 3 个兄弟姐妹，或 4 个家庭成员、5 个亲戚、3 个最好的朋友和 11 个好友。显然，这些数目是我随意捏造的，我不知道实际的情形怎样的，但你明白我的意思了。能容纳进生活的人数是有限的，你的时间被亲近的人占据越多，就剩越少时间分配给每个人。如果你没有孩子，请记得这个法则，别以为为人父母的朋友在刻意冷落你，并因此对他们发火。他们可能已经尽力了，多给他们一些时间。

当分身乏术时，唯一能做的就是按照优先顺序处理。你得分清主次，或许伴侣和孩子排第一，第二是父母、兄弟姐妹、最好的朋友等，以此类推。不需要把它变成一个固定公式，只要脑中明白知道谁优先即可。这个顺序可以随时有变动，如果有些人特别脆弱或无处可求救，他们可以移到前面一点的地方。同时，他们需要你的理由也会影响他们在排序上的位置。时间管理专家建议人们依照按照事情的重要性、事情的紧急程度来分配时间。紧急且重要的事情通常优先处理，但并不一定非得花很多时间。

你必须和你所爱的人解释，虽然很想陪伴在他们身边，但因为时间有限，你只能尽力去做。孩子下一次表演时你会出席，或者，这星期拨出几小时陪伴朋友。这不容易做到。然而，如果你掌握了这个法则，当你无法面面俱到地为每个人做每件事时，你的压力就会减少很多。

当分身乏术时，唯一能做的就是按照优先顺序处理。

106　付出越多，回报越多

这个法则很简单，我甚至不觉得需要写进这里。然而，令人沮丧的是我发现有很多人仍然没有领会这其中的道理。

我认识一个小伙子，他十分善于交际，因此总有一大群朋友。他总能为朋友找出时间，让每个朋友都感受到他的真心。当朋友有麻烦时，他总是挺身而出。我不知道他怎么能腾出这么多时间，毕竟他是一个有工作、有家室的人，但他就是做得到。他是个很好的倾听者，也总是送上源源不绝的热茶和小点心，甚至还抽出时间为本地的慈善机构筹款。

不久前，他经历了人生非常艰难的时期。他母亲去世了，同时，他也失去了工作。如你预想，每个人都聚集过来，带着热茶和关心，给予他帮助。出乎预料的，他却对此感到相当意外。他告诉我他觉得十分感动，不敢相信人们对他如此慷慨。然而，这对我来说却再明白不过了。他们为他感到难过，对于有机会回报这些年来他慷慨表现的亲切，他们觉得很开心。

我认识的一位长者最近去世了。他是一个好人，但只为自己着想，不太和别人往来。身为他的邻居，我独自前往参加葬礼。当时只有 10 个人在场，其中有 5 个是他的家人。对此我感到十分悲痛，好像他超过 80 年的人生岁月看起来竟如此苍白。

我想你明白我的意思。在这个世界上，你对某人付出了爱，却不见得只能从他身上得到回报。你对某人的慷慨可能由一个完全不认识的陌生人回报给你。如果你持续对需要帮助的人们伸出援手，那么回报就会不断向你涌来。

当然，你不能将这份付出的爱视作投资。付出爱的人从不这么认为，他们轻松看待得到的回报，爱的本身就是回报。好啦，我知道你要吐了，但我找不到其他更好的解释方式。尽管你付出的爱在有限的 24 个小时中，在时间许可之内，你传递的爱越多，你得到的爱就会越多。

每当我猜想离开世间之后，到底会有多少人现身参加我的葬礼时，我就变得清醒。还有，即使我认为来的人可能会比我预期少，我仍提醒自己再多付出一点，再给予我爱的人们多一些的关心。

在这个世界上，你对某人付出了爱，却不见得只能从他身上得到回报。

107　爱别人，才能爱自己

现在到了关键时刻，这是本书的最后一个法则，至关重要的一个法则。我不知道有多少人已经掌握要领，但有些我认识的人确实有这种本能。也正是其中一人在不经意间教给了我这条法则。

在一个非常亲近的人去世之后，我经历了一段痛苦的时光。当时，有个朋友给予我很多支持。由于她自己的生活压力不小，还能够这么做真的非常了不起。她有 3 个孩子，2 个患白血病，得花许多时间照顾，还得时时操心。当时，第 3 个孩子还是个出生不久的婴儿，所以她总是疲惫不堪。不仅如此，医生诊断她丈夫也患了绝症，对她来说是个雪上加霜的严酷打击。尽管如此，她仍规律地打电话给我，关心我的近况，询问我是否需要帮助。

对于她的慷慨和为我腾出的时间，我感到吃惊不已。当然，我也尽我所能支持她以为回报。你知道这让我发现什么吗?当替别人烦忧,不把重心放在自己身上时,我发现我的困境好像变得更容易了。感谢老天,医生最后发现她的丈夫并没有得绝症,总算这世界还有些公平之处。但在此之前,我从她身上学到了这个爱的最重要的法则。

我想,她一定早就认识到这个道理。她没有利用我的问题来当作逃避自身困难的出口,反而纯粹出于爱而关心我。我怀疑她是否知道自己的非同寻常。出于将别人看得比自己还重的本能,反而使她能充分享受人生。帮助别人,也帮助了自己。

我很能够理解当人们陷入生活中的低潮期时,容易把注意力转向自己。但就我现在所知,这对他们一点帮助也没有。当生活陷入困境之时,你得把注意力从自身的生活中转移,转向那些需要你的爱和支持的人们。你将因此感到自己的用处和价值,这会反过来帮你渡过自己的难关,带你走出自己的痛苦世界。

如果你想当个出色的法则实践者,把这个法则当作人生的最高指导原则,你才能做得更好。它将使你拥有最快乐、最不虚此生的生活,身旁围绕着爱你的人,甚至,更好的是,围绕着可以让你付出爱的人。只要遵行这个法则,你的人生就不会有大的偏差。

帮助别人，也帮助了自己。

译者后记

美国诗人桑顿·怀尔德有句名言：“在生死两岸，爱是中间的桥梁……爱是唯一的生机，爱是唯一的意义。”这就是“爱”，有无数的诗歌、故事、道理争相传诵它。爱是对人或对事物诚挚的感情，它既是人生一世动机的核心，也是陶冶人的道德品质，引导人走向创造和平与发展之路的重要力量。生命的本体是爱，爱是人类的灵魂。生命中如果没有爱，世界会是一个非常冷酷而寂寞的地方；而如果有爱，世界就会变成天堂。爱不是凭空产生的，而是在思想、观念和言行的体验中积累和升华而获得的。人不仅能够在生命中创造爱，而且爱会生生不息地从人的生命中涌现出来。因此，要想得到爱就必须首先学会爱的法则。

我们总是被教导着要爱身边的人、邻居、同伴，但究竟我们该如何去“爱”？该如何正确地表达爱，使爱持续，并保持新鲜感？

英国畅销书作家理查德·坦普勒通过在生活中观察不同的人，将在观察的过程中所得到的体悟汇集成107条重要的法则。对于这些法则身体力行的人往往能找到幸福相伴的爱人，将这段关系长久经营，永葆新意。他们的家庭关系紧密亲近，孩子愿意花时间与他们在一起。互信互惠的友谊更将与他们为伍，身旁总是有人愿意帮助他们。

参与本书翻译的有：湖南涉外经济学院刘浩、胡志高，吉林华桥外国语学院王艳，参与校对的研究生有：王龙、刘凯、刘丽威、董祥民、迟薇、陈佳佳、李阳、丁默、侯真、宋岱、冯丽。由于译者水平有限，不当之处还请读者批评指正。

译者

2014 年 10 月